收录185种木材的
基础知识的最终版

原 色

木材
大事典
185

〔日〕村山忠亲　村山元春　著

史海媛　裴丽　韩慧英　张艳辉　译

河南科学技术出版社

· 郑州 ·

前言

村山忠亲

日本的大半国土被种类丰富的树木覆盖，有用的树种可提供食材、药物、建筑材料，制作工件、工具、纸张等。人和树的共存关系是造就日本文化的基础，这么说并不为过。

日本丰富的森林资源在第二次世界大战的混乱时期经历过乱砍滥伐，有用树种的造林育护被迫停滞，森林保有量开始骤减。同时，人们随着近年来生活水平的快速提升，对住宅的数量和质量的双方面需求均大幅增加，日本国产木材已无法完全满足建造住宅和制作家具的需求，必须大量进口国外木材，以补充国产木材的供应不足，同时也可抑制异常高涨的木材价格。

另外，依托建筑技术的进步，钢筋混凝土的楼宇住宅群快速普及，使得纯木质结构的住宅比例降低，建筑用木材的需求相应减少。相反，钢筋混凝土的房屋框架内，作为内饰材料的无节眼且木纹整齐的木材需求得以扩大，打破了结构材料和无节眼装饰材料的需求平衡，木材供应的体系产生巨大变化。

并且，随着空调设备的普及，未经过人工干燥的木材开始变得不耐用，木材的加工方法也有所变化。木材是有机材质，被采伐之后，基本在与其生长寿命相当的使用期限内，作为材料能够继续保持强度的提升。

日本古代的木质建筑即使未经过较大翻修也能经久使用至今的事实，证实了木材用于建筑的结构材料中是正确的选择。钢筋混凝土等无机材料的建筑物在建造完成之后即开始老化的过程，如果没有反复细致的修补，则无法持续使用很久。例如，明治时代建成的东京丸之内的砖瓦结构建筑物，现在已经重建。当然，功能性的创新是无机材料建筑发展的主要目的。但是，被指出存在倒塌等危险的无机材料建筑也不在少数，其老化的速度使人们重新认识到木质建筑的优越性。

对于很多建筑使用木材建造而成的日本来说，经历江户时代至第二次世界大战爆发之间的几百年，木材的交易已具备某种固定形态。此后，大量木材从国外进口，木材交易形态也不断产生着巨大变化。江户时代产生了木材交易方法的概念，在理解了该交易方法的基础上，可以掌握正确的木材知识。但是，需要理解木材交易的实际状态。

本书并非从发表科学研究报告的角度出发，数值等会有些误差，但尽可能接近实际。而且，木材加工及使用方法也是介绍当时的最佳方法。在参考或利用本书中介绍的方法之前，为了避免蒙受巨大损失，请在一定程度下实施验证，确认效果之后再付诸实践。

（作者于 2006 年 2 月因食道癌离世。）

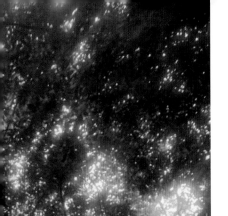

收录 185 种木材的
基础知识的最终版
原　色

木材大事典 185

目录

本书的阅读方法

本书中木材的颜色及各种性质为一般常识，根据树木的培育环境及维护等条件，实际可能与本书所描述的有差别。并且，木材分布所介绍的也只是木材产地的分布，同实际的天然分布或植树造林分布可能有一定差别。

榉树

榆科榉属 （环）

拉丁学名：*Zelkova serrata*

表示阔叶树的环孔材。此外还有散孔材。（参照第203页）

【针叶树】

树名	银杏		
分类	银杏科银杏属	锯加工性	容易
心材颜色	白色带黄色(含伪心)	刨加工性	容易
边材颜色	白色带黄色	耐腐蚀性	弱
心材和边材的边界	无法识别	耐磨性	较强
斑纹图案	不清晰	胶接性	良好
硬度状况	硬	干燥加工性	较困难

银杏

银杏科银杏属

拉丁学名：*Ginkgo biloba*

【分布】银杏的生长地域并不特殊，日本大部分地域都能见到。这种树在东亚以外较少种植，目前尚未发现本地种（日本），基本是引进自中国。大多精心种植于神社、寺庙中，由鸟兽将其种子带到上野（地名），自然生长。

赏心悦目的街道景观树

通常，针叶树的木纹清晰。但是，银杏的木纹如同阔叶树的散孔材，年轮模糊。边材和心材的区分并不明显，长粗之后便形成伪心。树内储存营养成分的系统逐渐发达，成大树之后，宽大板材容易取材，木纹模糊，接触刀刃时柔软，多用作砧板或裁缝垫板。而且，其材色近似于日本榉树，用来制作围棋盘、将棋盘等也较为普遍。此外，银杏多作为街道景观树，入秋后的黄叶赏心悦目。

银杏是雌雄异株植物，仅雌株结实，是珍贵的木材。雄花浅黄色，长椭圆形。雌花绿色，4月开花，长梗前端带有2个裸露的胚珠。雌花也是区分银杏成木的参照物。

银杏的成木随处可见，仙台市便有"银杏町"的地名。银杏町的苦竹地区，有树龄1 000年、树高30m，且被指定为日本天然纪念物的日本最大银杏，这也是此地名的由来。银杏的老木会长出木瘤，雌株无法长出，只有雄株能够长出，是养分储存空间。

原本，银杏的种子是由叶子变形出的心皮长成的，结于叶子的下方。但是，现在这种树的种子却生长于叶子的上方，这是进化的树种逆向发展的现象。所以，银杏被称作"活化石"，是一种鉴赏价值比实用价值更高的树种。

银杏的叶片像扇面一样展开，而不是针状。它看似是阔叶树，其实却是针叶树。原本针状的叶子展开后的形状，就是银杏呈现出的叶形。落叶松和银杏，都属于落叶的针叶树。

东北红豆杉

红豆杉科红豆杉属

拉丁学名：*Taxus cuspidata*

树名		东北红豆杉		
分类		红豆杉科红豆杉属	锯加工性	容易
心材颜色		艳丽红褐色	刨加工性	容易
边材颜色		黄白色	耐腐蚀性	强
心材和边材的边界		明显	耐磨性	较强
斑纹图案		不清晰	胶接性	良好
硬度状况		中硬	干燥加工性	容易

【分布】东北红豆杉在日本的北海道至九州地区均有分布，以南九州的高隈山为界，都能看到这种树。秋季，红色的假树皮会覆盖住种子。这种皮非常甜，里面的果实酷似"相思豆"。北海道能够找到这种树的优质木材，它们通常在深山中长成巨树。高达20m以上、直径超过1m的巨树并不少见。

高经济价值的树种

东北红豆杉的部分根基异常生长，容易夹皮，切口大多呈现南瓜状。所以，即便树木本身能够高大、粗壮，但较难获得粗长的木材。其他缺点还有，树中常会出现黑色的细脉，没有细脉的良材极为罕见。

其主要用途是用于"笏"等神道用品、神社建筑的外装材或人字板等的制作。这种树的材质非常容易被"驯服"，切割容易，且耗损少，开裂及变形等情况较少，适合弯曲加工。也正是这种易于切削的特性，使其能够用来制作铅笔的笔杆，而且是高级材。目前，日本大多数铅笔都使用这种木材制作。但是，其储存量较少，日本本地的木材已无法满足制造铅笔的需求，还需要从北美引进。

这种木材常用于制作桌案、砚盒、佛坛等日式物品。在建筑中，也可制作壁龛支柱、框体等。精细木工方面，草津地区的纸烟盒较为有名。此外，它还适合制作点心盘、茶杯、梳篦、门头、雕刻品等，飞驒（地名）高山的"一位一刀雕"较为有名。

浸润心材的液体采用一种红中带褐的染料，加上明矾之后变成黄褐色，加上铅就是暗红色，加上铜就是红褐色。

较少流入市场的木材，难以轻易获得。

树名	日本榧树		
分类	红豆杉科榧树属	锯加工性	容易
心材颜色	黄白色	刨加工性	容易
边材颜色	白色	耐腐蚀性	强
心材和边材的边界	较不清晰	耐磨性	强
斑纹图案	不清晰	胶接性	良好
硬度状况	硬	干燥加工性	困难

【分布】日本的榧树包括纯种榧树和无法变种的灌木榧树，后者不易取材。两种榧树分布区不同，又有交叠区。

日本榧树

红豆杉科榧树属

拉丁学名：*Torreya nucifera*

驱蚊的榧树

　　榧树有一种功效，将其树枝点燃之后，其产生的烟雾中存在药用成分，具有驱蚊的效果。所以，人们也称其为"驱蚊木"，其气味非常浓烈。

　　从榧树的果实中还能提取植物油，用这种油烹饪出的食物色泽均匀、非常美味。而且，榧树的材料面平滑，是优质的经济木材。

　　日本宫崎县的日向地区，是著名的榧树产地。汽车内饰用木材、船底材料、船缘、椅子、水桶、漆器、算盘珠、梳篦、伞柄、棋盘、门板等，都可以用榧树木材来制作。这种木材不易变形，轻且结实，还能用来制作日式木板套窗，它通常是拼接制作而成的。旧时，坚硬耐用的榧树木板套窗还能用作担架。刀具的雕凿效果佳，入钉也不会使材料开裂，是最适合雕刻佛像的木材。熊本地区的榧木雕刻品，旧时是当地著名的特产之一。榧树木材耐水性也较强，能制作成澡盆。此外，同罗汉柏一样，榧树木材的气味也较重，不适合用作内装材料。

榧木制作的优质棋盘，是高档物品。图片中的围棋盘是德川中期的整块榧木制作而成的，是"雪""月""花"三面著名棋盘中的"雪"。最初就在德川幕府的围棋所被使用。

金松

金松科金松属

拉丁学名: *Sciadopitys verticillata*

树名	金松		
分类	金松科金松属	锯加工性	容易
心材颜色	浅黄褐色	刨加工性	容易
边材颜色	乳白色	耐腐蚀性	强
心材和边材的边界	清晰	耐磨性	弱
斑纹图案	不清晰	胶接性	良好
硬度状况	中等	干燥加工性	容易

【分布】日本福岛县摩耶郡一带、木曾谷周边、爱知县的段户山、三重县大杉谷、高野山周边、广岛县惠下谷周边、高知县鱼梁濑一带、宫崎县铃尾山周边等地区分布有金松。其中，分布较为集中的地区是高野山。此外，其生长地高度大多为海拔 700m 左右。

"木曾五木"之一的金松作为高级浴池材料，可用于建造酒店或旅馆的大浴场。

"木曾五木"之优质木材

金松为世界三大庭院树之一。金松生长较慢，不适合育林种植。

另外，它生长虽然较慢，但是全年常绿，最适合用作防火树。

这种树仅 1 科 1 属 1 种，植物学中极为罕见，而且是日本的特殊品种。可成长为高 35m、直径 1m 左右的树木。

日本的树种中，有被称作"木曾五木"的优质树种。"木曾五木"是指木曾扁柏、日本花柏、罗汉柏、日本香柏、金松这五种树。金松的树皮纤维强韧，具有防水密封的效果，可用作井口或船板的间隙填充物，有防止渗水的作用。但是，金松木材蓄材量较少，市场上较为罕见。其材质致密且柔软，但无光泽，耐水性较强。

其主要用途是制作浴桶，还可以制作手提桶、搓衣板、洗衣桶、酱油桶、饭桶、饭盆等。此外，还用于制作日式木船。比日本扁柏的气味小得多，这也是它能够制作成食品用具的最大理由。

金松木材用于制作门窗的例子也不在少数。用作外部板材，不易变形或被腐蚀，是经久耐用的木材。但是，由于蓄材量较少且价格较高，该树种的板材难以被广泛使用。

树名	菲律宾贝壳杉		
分类	南洋杉科贝壳杉属	锯加工性	容易
心材颜色	浅灰褐色	刨加工性	容易
边材颜色	浅灰色	耐腐蚀性	较弱
心材和边材的边界	清晰	耐磨性	较强
斑纹图案	纤细的清晰花纹	胶接性	良好
硬度状况	中硬	干燥加工性	容易

【分布】菲律宾贝壳杉是马来西亚、越南等国家的常用名。这种树较多分布于越南、柬埔寨的高原地区，加里曼丹岛的中央山脉周围也有生长。东南亚各地广泛分布，精确的分布地区无法确认。

菲律宾贝壳杉 agathis

南洋杉科贝壳杉属

拉丁学名：*Agathis alba* Foxw.

最早广泛用作门窗材料，之后普遍用于制作玄关门

菲律宾贝壳杉以"南洋桂"之名广为人知。作为南洋杉科的针叶树，它是一种接近松树树形的树木。与亮叶南洋杉为同种，但菲律宾贝壳杉的木材颜色稍深。

木质较坚韧，使用直木纹木材是绝对条件。有直径超过 1m 的巨树，且节眼较少。在日本，其最早作为门窗材料，在家具制作中常替代桂树木材，用于制作斗柜抽屉的侧板。之后，用于制作经过雕刻的玄关门，因其质感厚重且色调优美而得以普及。2 寸*及 3 寸厚度的带脚围棋盘常使用这种材料制作，且被大量生产。

建筑中，它也可用来制作横木或门槛等。但是，其外观太过光亮，日式风格建筑中较少使用。

心材和边材的边界容易出现过密部分，必须在干燥并整形后使用。此外，如果切割过密部分，可能导致开裂。

亮叶南洋杉是巴布亚新几内亚的常用名。它比菲律宾贝壳杉的过密部分少，易于取材且呈浅色调。在巴布亚新几内亚，这是一种极为重要的积层材料，用于造船。其常规用途同菲律宾贝壳杉一样，从国外引进也较多。

巴布亚新几内亚的中央山脉的盆地中，澳大利亚人在这里种植亮叶南洋杉，有计划地进行木材生产。原生林也被保存，符合自然生态循环规律的采伐，使资源得以保护，采伐者的经济收入也有保障。

用菲律宾贝壳杉加工板制作的玄关门，色调优美且质感厚重，因此被广泛接纳和使用。

＊尺贯法（日本传统计量系统）单位。本书尺贯法单位与法定计量单位的换算关系见第 193 页。

日本柳杉

杉科柳杉属

拉丁学名：*Cryptomeria japonica*

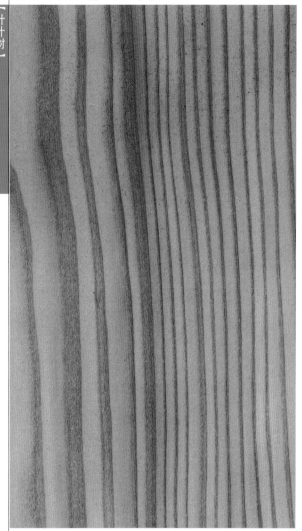

树名	日本柳杉		
分类	杉科柳杉属	锯加工性	容易
心材颜色	红褐色	刨加工性	容易
边材颜色	白色	耐腐蚀性	强
心材和边材的边界	清晰	耐磨性	弱
斑纹图案	不清晰	胶接性	良好
硬度状况	中等	干燥加工性	容易

【分布】日本柳杉原生林主要分布在本州以南，种植林可见于北海道札幌近郊，南到屋久岛。太平洋沿岸生长的日本柳杉被称为"阳杉"，仅由种子发出新芽。以中央山脉为分界线，在日本海一侧生长的杉树被称为"阴杉"，其枝叶下垂，垂至地面的枝条生根发芽，进而生长成独立的树。"阳杉"和"阴杉"性质截然不同，其用途也各异。

性质不同的"阳杉"和"阴杉"

同是日本柳杉，但日本海一侧生长的日本柳杉和太平洋一侧生长的日本柳杉，性质却有着天壤之别，用途也各异。以中央山脉为分界线，日本海一侧生长的日本柳杉被称为"阴杉"，与太平洋一侧"阳杉"的性质截然不同。

日本柳杉是仅在日本有原生林的树种，和西欧的雪松是不同的树种。日本柳杉的木材需分为原生林木材和种植林木材两类，分别进行说明。而且，为便于理解，应将种植林木材分为一般用木材和饲养用木材（北山杉等）。作为一般用木材的日本柳杉的产地，如吉野、天龙等，其植树造林的体制已经趋于完善。

用日本柳杉的根杢木材制成的收纳箱

另外，有些地区仅出产质量低劣且加工不足的劣质木材，木材价格很低，卖后收入不足以支付山林管理费用，在这些地区还保留着"植杉热"时期种植的杉林。判定木材质量优劣的基准之一，是"官木"和"民木"的区别。

官木和民木

从国有林中出产的木材为官木。官木的意思是，砍伐政府管理的树木得到的圆木，英文为 timber from official forest。民木意为从民间私人所有的树林中砍伐得到的圆木，英文为 timber from private forest。官木这一名称的由来见"日本扁柏"（第18页）。

纯原生林木材和种植林木材

在日本，日本柳杉的原生林大多是国有林。从德川时代以前就开始耗费巨资，精心培育而成的所谓"准原生、准种植林"，如今在日本仍大面积存在。原生林是在国家大力保护下精心培植的森林，其中的树种大多是屋久杉等。屋久岛上生长着世界上最古老的日本柳杉——绳文杉。以屋久杉为原材料的建筑比较罕见。1914年，美国的威尔逊向世人介绍了"威尔逊树"，这棵树根部周长32.5m，据推测是一棵树龄3 000年的屋久杉。

从这样的纯原生林中采伐的木材，是最高品质的木材，极难买到。而且，优质的官木数量稀少，一般都作为珍贵木材，珍惜使用。

仅次于原生林木材的优质杉木，是从古老的种植林中采伐的木材。日光市的日本柳杉街道树等神社树，就是种植林树木的一种。此类人工街道树中，除了在日光市37km的道路两旁生长着的约15 000棵日本柳杉参拜路街道树以外，有名的日本柳杉街道树还有山形县羽黑山参拜路街道树、宫崎县高原町狭野神社参拜路街道树、群马县安中的中山道街道树、箱根山的旧道街道树等。这些树从种植以来经过了漫长的年月，因此其性质接近原生林树木。有名的日本柳杉街道树由国家或神社进行严格的管理。尽管偶尔遭遇天灾，个别树木因受伤而不得不砍伐，但是一般情况下基本不会采伐，因此作为木材的出材量极其稀少，属于珍稀品种。交易时，其甚至已经超出了日本柳杉木材的范畴，纳入超级珍贵木材的部类中。

人工栽培林 = 种植林管理木材

尾鹫、天龙地区是著名的日本柳杉产地，出产质量稳定、评价较高的日本柳杉木材作为建筑用木材。因日本经济复兴的需要，该地区采伐量剧增，木材储量一度告急，之后开始大力植树造林，实行"砍多少种多少"的政策。因为该地区从不借用其他地区劣质圆木以次充好，仅使用自产的种植林木材，因此在木材市场上赢得了较高评价。尤其是吉野地区，进行了彻底的培植管理。

吉野地区的育林方法是选择生长较早的树种，进行植树造林。但是，生长较早的树木下部的分枝较多，因此需要拿出足够的精力修剪分枝，以保证树干的生长。利用该方法，能在较短的时间内实现计划生产——产出树干较长、有用部位较多的优质圆木。吉野木材以树干颀长、有用部位多而著称。从该地区整体来看，种植林木材的质量可与原生林木材相匹敌，其木材价格也一直维持在较高水平。更确切地说，吉野地区的种植林是人工栽培林。

茨城县的八沟山麓也在精心管理培育种植林木材，努力提高木材品质，全力赶超吉野木材。其他地区也在进行类似的努力。但是，在第二次世界大战时期，在被乱砍滥伐的松林的旧址上种植了生长较快的日本柳杉或日本落叶松，这样的地区因无人修剪杂枝、清理杂草，仅能出产枝节杂乱、材质低劣的木材，这种山林会因为没有利用价值而不被采伐，长期闲置。

一般人们认为，木材最好用原产地的。日本柳杉在许多地区被指定为"县树"，如秋田县的秋田杉、富山县的立山杉、京都府的北山杉、三重县的神宫杉、奈良县的吉野杉、高知县的鱼梁濑杉等。在著名原产地的当地人中，"盖自家房子用自家树"的习惯根深蒂固，因此他们精心修剪杉树下部的分枝，培育优质木材。这是符合自然规律的生活习惯，体现了"木材还是本地的最好"的思想。

较易购得的日本柳杉种植林木材

天花板用杉木种类

日本柳杉用于制作天花板时，将其木纹分为五个种类：直木纹、平木纹、中杢、竹叶木纹、上杢。

制作天花板时，木纹鲜明的日本柳杉是最佳选择。装饰素净而正式的客厅时，最好选用直木纹或中杢的木材。太平洋沿岸的阳杉，其木纹较为鲜明。

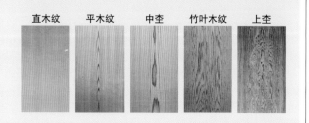

| 直木纹 | 平木纹 | 中杢 | 竹叶木纹 | 上杢 |

日本柳杉在进口低价木材的竞争压力下，木材价格难以提高，进而导致森林管理经费不足，木材质量持续恶化。长此以往，原生林木材和精心管理的种植林木材，与完全未经管理的种植林木材相比，不仅价格上会两极分化，用途上也会产生极大差异。产地的各种因素对日本柳杉木材的价值会产生非常大的影响。

秋田杉的直木纹。整齐优美的木纹是其优点。

秋田杉

米代川流经秋田县北部，该流域广泛分布着秋田县的纯林，是由林野厅特别管理的国有林。因此，大多数秋田杉的优质林区是国有林，培育高品质的木材。秋田杉的官木和民木之间有着显著差异。

日本各地自古以来都在种植日本柳杉，精心管理、悉心培育。然而，不论再怎么精心培育，种植林木材终究比不上原生林木材。在木材的价格上，原生林木材和种植林木材自然也要分开评价，印有"官木"记号（印章）的圆木即使外形有缺陷，但因为品质较高，也会赢得较高评价，价格随之高升，实际上也具有一定的观赏价值。

日式房间的大厅等，需要四面使用独立柱，最佳选择是秋田杉的四方柱。制作门楣时，最好的木材是纹路顺畅的秋田杉直木纹木材。

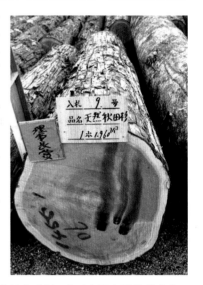

制作天花板顶角线、挂镜线时，秋田杉的切口直木纹木材是优良材料。使用秋田杉制作的门槛、门楣等，有素净优雅之美。阴杉枝条着地，生根发芽长大成树，进而生长出柔美的木纹，这是其独特之处。秋田杉是此类树木中的代表，在世界

间伐木材

培育森林的过程中，最令人头痛的问题，除了清理下部的杂枝和树下的杂草外，就是处理间伐木材。清理下部的杂枝和树下的杂草仅需解决劳动力、机械及经济问题等即可迎刃而解。然而大量产生的间伐木材如何从山林中除去，以及如何处理等问题却相当棘手。种植林在生长初期，为了抵御风灾，树之间仅隔1m左右，密密麻麻地种植。树苗相互扶持渐渐长大，当它们生长到一定程度时，生长速度会产生差异，如果不及早将生长较慢的树间拔掉，就会影响优良树苗的生长速度，因此必须间拔树苗，仅留下优良树苗。

种植林树苗在成长为一棵能作为顶梁柱的大树之前，要经历两到三次间拔，这叫作"间伐"。间伐木材注入杂酚油等防腐剂，可以做成庭院树或街道树的支柱，这是应用间伐木材的一例。然而，与间伐木材的巨大产量相比，市场需求量还远远不够。有的制造商为统一圆木的直径，将其加工成一样粗细后出售。作为扩大其应用范围的尝试，还可以将其作为原材料，制造体育运动设备，搭建庭院中的凉亭等，引导人们有效利用间伐木材。单纯使用间伐木材建造的小木屋也开始投入生产。最近，在住宅区的可居住、准耐火结构的小木屋，正在积极建设。

间伐木材也可用于制造木砖。用切成片的圆木或方木料铺设道路，是木砖的利用方式之一。在高尔夫球场等地，需要穿着钉鞋走路，因为木砖不会反弹鞋底钉子施加的冲击力，便于行走，所以经过防腐加工的木砖广泛用于高尔夫球场和人行道的建设。间伐木材也开始用于制造家具，虽然有点创意不足，但是充分利用间伐木材将是今后的研究课题。

日本植树热潮中种植的普通木材已临近采伐期，届时将从民间种植林产出大量圆木。正值再次计划性植树造林时期，着眼于培育高级木材的森林生产将成为今后木材生产的方向。利用间伐木材开发积层材的活动也方兴未艾。充分利用小树的特点——材质、强度差别不大的性质，经过防腐加工后，间伐木材也能成为出色的材料。

上的地位无与伦比。

可以说，秋田杉是基本的日本柳杉木材，其颜色、木纹、材质均具备最为稳定的性质。评价任何日本柳杉木材时，均需与秋田杉相比较。秋田杉是阴杉的代表，丹泽杉、天城杉、吉野杉、鱼梁濑杉、屋久杉等都属于阳杉。

以秋田杉为原材料制作的"圆饭盒"是优秀的餐具，它能适度地吸收水分，然后慢慢干燥释放水分，从而使米饭便当保持更好的状态。秋田杉的直木纹木材，即使进行弯曲加工时也不会开裂，因而被公认为是一种名贵的好材料。

东北太平洋侧的日本柳杉和山武杉

从岩手县到千叶县，在东日本太平洋侧，生长着大量的日本柳杉。同样位置的日本海侧一带，则是阴杉的著名产地。太平洋侧的阳杉，边材颜色较深，心材也发黑，谈不上是漂亮的木材。然而其应用于户外时，因具备较好的耐久性，所以用途广泛。正是因为阳杉的使用，才保留了江户时代房屋外部装潢的旧貌。气候温暖的千叶县出产同一系列的山武杉，该地区人人热衷于保护种植林，因而保留了很多优质山林。

种植林杉材的著名品牌

随着城市人口的密集化，防火要求不断提高，因此纯木造住宅的比例也逐渐降低。除三合板等木材加工产品以外，木制建筑产品的使用率逐渐降低，在建筑费总额中，木材所占金额也越来越少。其中也有一些地区（如饫肥地区、日田地区、尾鹫地区、天龙地区、秩父地区、八沟地区等），为了充分发掘国产木材的优点，大力植树造林，试图振兴木材产业。在木材产品的品牌中，尾鹫木材、天龙木材享有盛名，是优质木材的代名词。

宫崎县的饫肥地区位于台风的必经之路上，该地区拥有的杉树林是即使台风侵袭也不会流失的宝贵财产，所以尽心尽力管理杉树林已经成为该地区一成不变的习惯。1588年伊东佑兵被任命为饫肥城主时，饫肥藩的财政处于赤字状态。伊东佑兵综合考虑了饫肥地区的地理条件，选育了生长品质优良的日本柳杉，实施鼓励植树造林的政策。该政策内容为"五官五民制度"，即鼓励植树造林，自愿植树造林者可无偿租借藩属领地，砍伐后所得收入官民五五分。

在此之后，政策越来越优惠，直至修改为"二官八民制度"，植树造林者的经济状况越来越好，人们植树造林的热情也越来越高涨，于是该地区诞生了被誉为"饫肥杉"的优质种植林。饫肥杉具有年轮宽阔、树干颀长的性质，可以采伐到长尺寸的木材，所以自古以来就被用作木制船的造船材料。"日向弁甲材"这一品牌在濑户内海的造船业界广为人知。最近，通过海上运输，利用低廉的运费，饫肥杉圆木也开始在尾鹫地区上市。

日本柳杉、日本扁柏等建筑用树木的植树造林者，终其一生最多只能收获一次木材，所以也可以说是在为子孙后代植树造林。植树造林如果仅仅听凭大自然摆布，很难收获优质木材，只有充分利用一切可能的合理化因素，有计划地植树造林，收获的木材才能换来值得造林者奉献一生的收入。

基于以上诸多因素，如今的状况是，民间的植树造林活动并不活跃，这从林野厅的长期财政赤字中也可见一斑。

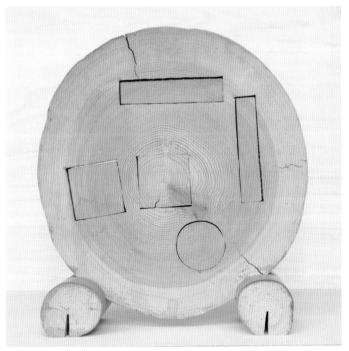

通过日本柳杉圆木的横断面可以观察到各部位的形变倾向。通过这幅图片可能不太容易理解，平木纹向树皮侧翘曲，因此中央产生间隙；方木料翘曲成菱形；圆木翘曲成椭圆形。心材的四面经过了同等程度的干燥，所以很少发生严重的翘曲，但是一定会产生裂纹。

屋久杉

杉科柳杉属

拉丁学名：*Cryptomeria japonica*

树名	屋久杉		
分类	杉科柳杉属	锯加工性	容易
心材颜色	红褐色	刨加工性	容易
边材颜色	白色	耐腐蚀性	强
心材和边材的边界	清晰	耐磨性	弱
斑纹图案	不清晰	胶接性	良好
硬度状况	中等	干燥加工性	容易

【分布】屋久杉生长于日本屋久岛到萨摩半岛、雾岛山麓之间。

树龄超过 1 000 年的最佳品种

屋久杉的秋季木纹极为鲜明，上杢和竹叶木纹具有特殊的美感。特别是屋久杉的木纹会出现复杂多变的形状，被认为是最佳品种，其中萨摩杉最为有名。只有屋久岛上树龄 1 000 年以上的野生日本柳杉才称作屋久杉。屋久杉曾经被叫作岳杉。明治以后，转为国有林经营方式，岳杉更名为屋久杉，这个名字从此固定下来成为通称。屋久杉中树龄最高的是绳文杉，据推测其树龄达 7 200 年，也有人认为这是一棵合成树，是在原树上生长出别的树木将其覆盖形成的，因而推测其树龄为 4 000 年。作为世界遗产之一，这棵树高 30m，根部周长 28m，仅树干就约 1 000m³、1 000t，是一株巨大的生物。屋久杉有着著名的木纹图案，不管是用来制作天花板还是壁龛的地板，都是上上之选。即使是木纹错杂纷乱的部分都被奉为珍品，卖到天价。

现在，为了保护自然，政府已经禁止采伐屋久杉。允许使用的屋久杉只有普通木材用剩的树桩和遭遇天灾而倒下的树，这样的树被称为"土埋木"，用于工艺品制作。

不可思议的是，生长于最北部的秋田杉和最南部的屋久杉，竟然是日本柳杉中最出色的树种。其他品种的日本柳杉，木纹处于二者之间，其木纹或性质接近二者中的哪一个，就被命名为哪个树种。日本各地都有以地名命名的野生日本柳杉，这些日本柳杉都有着各自独特的美丽之处。

屋久岛上生长着世界上最古老的日本柳杉——绳文杉。以屋久杉为原材料的建筑比较罕见。1914 年，美国的威尔逊向世人介绍了"威尔逊树"，这棵树根部周长 32.5m，据推测是一棵树龄 3 000 年的屋久杉。

树名	北美红杉		
分类	杉科北美红杉属	锯加工性	容易
心材颜色	暗红色至红木色	刨加工性	容易
边材颜色	白色	耐腐蚀性	强
心材和边材的边界	容易识别	耐磨性	中等
斑纹图案	不清晰	胶接性	良好
硬度状况	中等	干燥加工性	容易

【分布】北美红杉分布于美国加利福尼亚海岸地带。巨型红杉仅生长于内华达山地区。

北美红杉 red wood

杉科北美红杉属

拉丁学名：*Sequoia sempervirens*

世界上耐腐蚀性最强的巨树

　　木材交易中的称呼——红杉，指的是巨型红杉，别名 big tree，与同属红杉的 red wood 有所区别。巨型红杉指的是树干粗壮、树龄较高的红杉；而 red wood 则是又高又细的红杉，容易从树桩或树根发芽生长，因而可以作为经济作物培育种植林。

　　红杉一般用于制作轮船甲板、建筑内装材、门窗扇等。产量稀少、具有极高珍藏价值的海带状木纹的木材，一般用于制作桌子或家具的装饰材料。

　　由于红杉耐水性、耐腐蚀性强，因此经常作为强耐朽木材应用于户外，发挥多种作用。此外，红杉具有一定的强度和柔韧性，木纹大体上挺直顺畅，很少收缩或膨胀，具有良好的加工性。原生林木材的心材也具备耐朽性，但是略微逊色于种植林木材。

　　在美国的红杉国家公园，有一棵红杉被誉为世界上最大的树。

北美红杉林

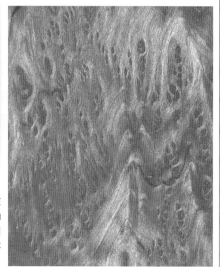

北美红杉珍珠木纹。这种木纹在日本被称作瘤杢。因这种木纹的木材具有较强的装饰性，所以用其制作而成的吉他或钓具配件非常受欢迎。

日本扁柏

柏科扁柏属

拉丁学名：*Chamaecyparis obtusa*

树名	日本扁柏		
分类	柏科扁柏属	锯加工性	容易
心材颜色	浅褐色带黄白色	刨加工性	容易
边材颜色	浅黄白色	耐腐蚀性	强
心材和边材的边界	清晰	耐磨性	强
斑纹图案	不清晰	胶接性	良好
硬度状况	中等偏硬	干燥加工性	容易

【分布】天然日本扁柏分布于日本福岛县以南的本州、四国和九州，南到屋久岛，但九州的存有量极少。日本扁柏多生长于从半山腰到山顶之间的山脉斜坡上。从长野县的木曾到岐阜县里木曾一带的木曾谷，及其周边的飞驒地区、和歌山县高野山、高知县西部，均以盛产优质日本扁柏而著称。在关东地区，位于茨城和宫城两县交界处的八沟山周边也生长着优质的日本扁柏。

优质木材的代名词

　　木曾的御岳山是"木曾五木"的母亲山。御岳山周边的木曾谷中生长的优质树林被日本林野厅指定为"日本三大美林"之首，许多优质森林因此受到良好的保护。国家负责管理的山林被称为国有林，从国有林出产的木材被称为官木或官材；与此相对，普通公民私有的山林（民有林）中出产的木材被称为民木。

原生林日本扁柏

　　日本扁柏的种植林广泛分布于日本各地，但野生扁柏群落除木曾谷以外鲜有分布。一半以上的日本扁柏是种植林树木，原生林中日本扁柏所占比例没有明确数据，但日本柳杉的比例占压倒性优势。

　　"木材最好用原产地的"这一使用方法也适合日本扁柏。各地的神社、佛阁将日本扁柏作为"社木"，植树造林并精心管理，谨慎保存采伐的木材，用于改建房屋。可以说，这些木材是"准原生林"木材。

　　天皇家的御料林和伊势神宫相关机构是社木的最大规模管理组织。这是木曾谷中能保留日本扁柏纯林的主要原因。即使从世界范围看，日本扁柏的纯林也仅有三处：日本的木曾谷、日本的高尾山麓、美国俄勒冈州南部的奥福德港周边。

　　通过研究古老的神社和寺庙中使用的立柱所得的数据可知，在采伐后的约200年以内，日本扁柏木材的各种强度均略有上升，但之后开始缓慢衰减。学术报告表明，日本扁柏木材的冲击弯曲吸收的能量在采伐后300年内约降低30%，但之后基本再无变化。

　　同为寺庙、神社常用木材的榉树，在采伐后的300年左右，纤维素开始急剧崩裂并结晶化，木材变得松脆易碎，因此其耐久性远远不及日本扁柏。可以说，不管从哪方面看，日本扁柏都是最佳建筑材料。

　　原生林日本扁柏木材常用于雕刻佛像，被奉为国宝。也可以用于制作春庆涂漆法的木胎、梳子、木槌、工具

无折弯且木材纹路无扭曲的零缺陷木材极为珍贵。左右两侧的木材则多少有些折弯。这些木材都有"偏心"，无论木曾扁柏如何优秀，毫无缺陷的木材确实少之又少。

的手柄、梯子、画框等物件。日本扁柏木制成的"斗"是有名的量具，一升斗是江户时代最为常用的计量工具。江户时代流行歌舞伎，而一升斗是歌舞伎舞台上必不可少的道具。歌舞伎和能剧的演出舞台被称为"扁柏舞台"，真正的扁柏舞台仅采用木曾出产的尾州扁柏的直木纹长木材制作。扁柏舞台的地板和住宅用的企口地板一样，不算薄，使用大约3cm的厚槽榫接合加工板。

有名的京都清水寺舞台建有巨大的榉木支柱，横梁连接东西和南北，在用楔子组合固定的基座上用约190m²的扁柏木板铺成地板。这是为神佛供奉舞乐的真正舞台，东西两端的翼廊是"乐房"。

日本扁柏也被称为"火之树"，《万叶集》中歌咏它的和歌随处可见。房屋的所有柱子都不用日本扁柏木材，传说，用杉树木材制作大壁柱、用槐树木材制作壁龛支柱可以防火，避免房屋招致火灾。

天然日本扁柏木材的耐水、防腐性能极佳，因此是一种有名的制作洗浴用具的原材料。也有用云杉木材制成的洗浴用椅，但是会很快被腐蚀；日本扁柏制品虽然价格翻番，但是可以长久使用，所以比较经济。

种植林的日本扁柏木材

日本人对野生日本扁柏有一种深切的留恋之情，然而，不管实行多么严格的森林管理制度，野生日本扁柏资源仍然越来越濒临枯竭。

在木曾地区，采伐木材后，林野厅会立即在原处种植新的树木，因此从面积比例上来看，木曾山的日本扁柏林已经算不上原生林，毋宁说该地区正向种植林地区转变。与日本柳杉相比，日本扁柏的植树造林更为常见。其他产地也正在大力进行植树造林，和歌山县的尾鹫地区、奈良县的吉野地区、静冈县的天龙地区作为建筑用木材的著名品种产地，享有盛名。

即使是种植林中的日本扁柏，在精心管理培育下，经过100年以上的漫长岁月之后，从树皮附近的部分开始，年轮宽度急剧变化，呈现出野生树木般饱满的木纹。

京都清水寺的扁柏舞台。"从清水的舞台上跳下（死得其所）"等惯用句，自古以来就融入了人们的日常生活之中。

日本扁柏这个词已经成为"优质木材"的代名词，在日本人脑海中根深蒂固。进口木材中，冠以"日本扁柏"这一名称的木材为数不少。但是这绝不代表其具备与日本扁柏相同的性能。美国扁柏（Port Orford cedar）是一种与日本扁柏材质极其类似的木材，被称为罗森桧（Lawson cypress），是一种扁柏属的树木。此外，以"美洲丝柏"的名字进行交易的木材也同属柏科。

北洋落叶松是库页岛鱼鳞松的商品名，北海冷杉是云杉的昵称。台湾扁柏是扁柏属的木材，但是与日本扁柏在性质和色泽上略有不同。欧洲不出产扁柏。南洋木材中没有类似扁柏材质的，因此至今没有听说有南洋木材冠以扁柏之名的，但是出售用压实木材制成的条木地板时，会以南洋扁柏的名称进行交易。

下料示例

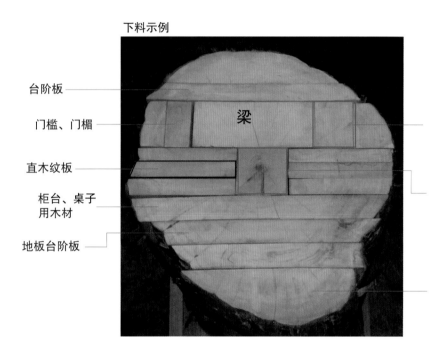

台阶板
门槛、门楣
直木纹板
柜台、桌子用木材
地板台阶板
梁

方形直木纹木材
截取方木料，得到方形直木纹木材。如果全部属于心材，将被当作珍贵木材来使用

髓心木材
取自直径较大的木材时，较易腐蚀，不用作建筑材料。
取自直径较小的木材时，可用作髓心木柱

小木块、小块方木料、普通橡木等

官木和官材的概念

"日本柳杉是庶民的树，日本扁柏是王侯贵族的树"这一概念在日本由来已久。宫殿和神社、寺庙中，以日本扁柏为原材料建筑的伊势神宫是柏木建筑的代表作。

伊势神宫总共由125栋建筑组成，在此举行迁移神体的"式年迁宫"大典，2013年举行了第62回式年迁宫。内宫和外宫两个宫殿以及所有别宫每20年举行一次重建祭典，所用木材全部为日本扁柏。

式年迁宫之际，将重新制作收纳神体的木制刳物，此时使用的木材称为御樋代木。届时将在采伐现场举行"御杣始祭（开始采伐的祭礼）"，然后才开始采伐，并使用人力运出木材。

德川幕府将日本扁柏视为非常重要的木材，实行"少一棵扁柏，砍一颗人头"的严格管理制度。在继承其思想的基础上，国有林制度诞生了。

《木场语录》中，关于国有林的形成过程等有如下阐述：

"整座木曾山归幕府御三家中的尾张藩所有，从中产出的木材全部用于尾张藩的藩营事业。木曾山中采伐的圆木做成木排，沿木曾川顺流而下，途经桑名，由名古屋的热田提供给各地区。

"到了明治时代，木曾一带划为国有林区，但木材运出路径与幕府时代并无二致。直到明治末期，中央路线全部开通，才废除了放木排的方法。在此之前，木曾扁柏从江户时代开始，一直经名古屋木材商之手提供给江户、东京等地，因此木曾扁柏也被称为尾州扁柏。现在，木曾扁柏是正式名称，但为了怀念那段历史，也同时使用尾州扁柏的称呼。"

到了明治时代，与木曾地区同样，以秋田、青森为首的全国优质林区划为国有林区。综上所述，官木指的是从日本各地必须进行保护的优质林区中产出的圆木。相反，民木由于考虑到预算而会节省木材管理费用，因而采用没有充分管理的造林方法，所以品质不稳定。此外，由于产地的气候条件等的差异，与官木相比，民木的品质较差，优质木材很少。

南极大陆上的昭和基地，其建筑物由政府特别转让的木曾扁柏集中加工建造而成。这些建筑物较轻且严寒条件下不易冻裂，不因温度变化而变质失常，是优秀的建筑物。

树名	日本铁杉		
分类	铁杉科铁杉属	锯加工性	中等
心材颜色	浅褐色	刨加工性	中等
边材颜色	白褐色	耐腐蚀性	中等
心材和边材的边界	不清晰	耐磨性	强
斑纹图案	不清晰	胶接性	良好
硬度状况	偏硬	干燥加工性	较困难

【分布】日本福岛县以西的本州至四国、九州、屋久岛等地广泛分布。

日本铁杉

铁杉科铁杉属

拉丁学名：*Tsuga sieboldii*

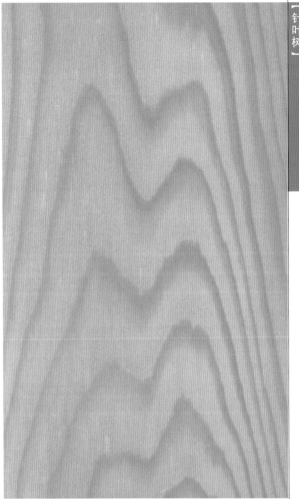

树名沿用学名的珍贵树种

　　日本铁杉分布地区北边以福岛县为界，南边以屋久岛为界，四国及九州常见，日本东北地区靠近日本海一侧极为罕见，且人工种植林也几乎没有。长野、高知、宫崎等的自然林中，可以采伐日本铁杉和日本冷杉。

　　日本铁杉的边材和心材的边界不清晰。夏材呈现黑色，春材则呈现出胡椒粉般的白色。

　　木纹粗、节眼过密等缺陷也会出现。木材收缩及膨胀度较大，材质较硬，切割加工并不容易，且表面处理难度属中等程度。

　　日本铁杉的优质材料较为光滑，直木纹精美，可用于制作高级的支柱。

　　可用作建筑材料及装饰材料，还被广泛用于佛坛等佛具、乐器、玩具、箱子等的制作。特别是用作建筑材料时，其坚韧的材质能够减少鼠害。幕府时代的建筑用裙板，指定使用信州产的日本铁杉制作。

浜离宫恩赐庭院中的松木茶屋。支柱为日本铁杉的四方柱。

福建柏 Krempts pine

柏科福建柏属

拉丁学名：*Fokienia hodginsii*

【针叶树】

树名	福建柏		
分类	柏科福建柏属	锯加工性	容易
心材颜色	浅黄褐色	刨加工性	容易
边材颜色	白色	耐腐蚀性	强
心材和边材的边界	较不清晰	耐磨性	强
斑纹图案	不清晰	胶接性	良好
硬度状况	中硬	干燥加工性	较困难

【分布】福建柏分布于中国南部至中南半岛等地。

耐水性、耐久性优越的神社、寺庙用木材

中国福建、越南、老挝等的高山地带是主要产地。树龄久的也能产出粗壮木材。木材偏黄色，树脂较多，并带有怡人芳香。相比日本的柏树，这种柏树的气味较重。

含较多精油，耐水性及耐久性优越。边材为白色，心材为浅黄褐色。木纹笔直且年轮致密，加工面会形成优美光泽。树脂可延缓干燥，加工较困难。

具备高耐水性及怡人芳香，适合制作浴盆。能获得粗壮的木材，且经久耐用，多用于神社、寺庙的建筑中。

此外，可用于制作柜台、桌椅、建筑内饰材料、门窗、佛具、地板、小物件等，用途广泛。

宽大取材、用于制作大桌面的福建柏木材。简单涂装清漆也能使其呈现出精美光泽。

树名	美国扁柏		
分类	柏科扁柏属	锯加工性	容易
心材颜色	浅黄褐色	刨加工性	较困难
边材颜色	浅黄白色	耐腐蚀性	强
心材和边材的边界	清晰	耐磨性	强
斑纹图案	不清晰	胶接性	良好
硬度状况	中等	干燥加工性	容易

【分布】美国扁柏以美国俄勒冈州的奥福德港（Port Orford）为中心，仅生长于太平洋沿岸的部分地区。

美国扁柏 Port Orford cedar

柏科扁柏属

拉丁学名：*Chamaecyparis lawsoniana*

【针叶树】

酷似木曾扁柏的优质木材

材质极其近似日本的木曾扁柏，多用于制作柜台等。在北美，这种木材用于制作蓄电池的隔离板、体育场座椅、快艇等。在日本，这是一种优质的门窗用材。容易较早附着变色菌，存在变成蓝色的缺陷。

树名	日本冷杉		
分类	松科冷杉属	锯加工性	容易
心材颜色	白色	刨加工性	良好
边材颜色	白色	耐腐蚀性	强
心材和边材的边界	不清晰	耐磨性	强
斑纹图案	不清晰	胶接性	良好
硬度状况	较硬	干燥加工性	较困难

【分布】日本冷杉分布在日本秋田县、岩手县南部至屋久岛的温暖地区。富山县以北的日本海一侧较为少见。

日本冷杉 fir

松科冷杉属

拉丁学名：*Abies firma*

锥子开孔才能入钉的坚硬木材

树高 40m，直径 1.5m，木材颜色接近纯白色，心材难以辨别。干燥后材质非常坚硬，入钉较为困难，必须用锥子开孔才能入钉。

日本东北地区有土葬的习俗，所以这种木材常用于制作棺木。其干燥后坚硬，可抵御鼠害，最适合用作棺木的内部材料。

台湾扁柏 Taiwan cypress

柏科扁柏属

拉丁学名：*Chamaecyparis taiwanensis*

树名	台湾扁柏		
分类	柏科扁柏属	锯加工性	容易
心材颜色	带黄、红白色的浅褐色	刨加工性	容易
边材颜色	带黄白色	耐腐蚀性	强
心材和边材的边界	清晰	耐磨性	强
斑纹图案	不清晰	胶接性	良好
硬度状况	中等	干燥加工性	容易

【分布】台湾扁柏生长于中国台湾的玉山、阿里山海拔 1 500~2 500m 的位置。于 120 年前被发现，并引入日本。

泛红的独特光泽

材质稍硬，直径超过 2m 的台湾扁柏并不少见，适合制作宽大板材。板材呈现出较大花纹，用于制作地板、建筑的支柱、门柱、门扇等。

材料颜色偏红，具有独特的光泽，质感高档。球果比日本扁柏稍小，它们在植物学中属于同种。

台湾扁柏也可用于制作浴盆和水桶。比日本扁柏的价格更实惠，但目前市场上流通较少。

树名	罗汉柏		
分类	柏科罗汉柏属	锯加工性	容易
心材颜色	带黄白色	刨加工性	容易
边材颜色	浅黄白色	耐腐蚀性	强
心材和边材的边界	清晰	耐磨性	弱
斑纹图案	不清晰	胶接性	良好
硬度状况	中等	干燥加工性	较困难

【分布】"木曾五木"之一的罗汉柏，分布于日本关东平野以西地区。罗汉柏的变种从北海道的渡岛半岛南部至日光附近广泛分布，主要群生于北半岛和津轻半岛，且该地区的罗汉柏林属于"日本三大美林"之一。该树种的变种较多，统称为罗汉柏。

罗汉柏

柏科罗汉柏属

拉丁学名：*Thujopsis dolabrata*

特立独行的罗汉柏

青森罗汉柏属于罗汉柏属，却更近似于秋田杉，树枝接地处入根，成长为新的树。罗汉柏并不从种子开始发芽。青森罗汉柏过密部位较强，青森地区将其称作"青森扁柏"。通常，农林标准中并没有木材的过密缺陷的相关规定，然而特别规定了青森罗汉柏的相关过密标准。

在日本，青森罗汉柏的蓄积量是木曾扁柏的3倍，是秋田杉的7倍左右。这种树在幼年期具备很强的喜阴性，在昏暗无日光的树荫下也不会枯死，有的经过50年能够长到直径1m，有的200年之后还接近地面少光处。但是，只要采伐掉或除去遮挡幼木的树木，它们就会快速生长，1年就能长高60cm。据说，天然林中的青森罗汉柏凭借这样的自然更迭关系，平均树龄超过500年。但是，目前树龄超过300年的已很少见，仅有少量存留。青森县下北半岛东通村的太平洋沿岸森林中，发现了约800年前被海啸淹没的纯罗汉柏林，这里的木材现在仍然能够使用。

青森罗汉柏较多用于建设日本东北地区的神社、寺庙。而且，树中包含药用成分，耐湿性及耐腐蚀性较强，常用于地基建设等。此外，它还适合用于制作洗浴用具及铁道枕木。

罗汉柏的缺陷就是过密部分随处可见。而且，这种树在寒冷地区生长，树皮较薄，木材表面附近经常发生冻裂。

罗汉柏韧性好，适合用于制作砧板。此外，其香味存留时间较长，不适合用于室内装饰。

罗汉柏的树皮　　　纵向裂开的松树皮　　　纸状的日本扁柏树皮

罗汉柏的树皮较薄，类似日本扁柏的树皮稍稍剥落一些之后的状态。罗汉柏、松树及日本扁柏的树皮特征明显，容易识别。日本扁柏的树皮较薄，呈纸状剥落；松树的树皮细密开裂，剥落成绳状；罗汉柏的树皮在老木状态下，介于松树和日本扁柏之间，幼木时树皮近似魔芋皮，特征是非常薄。

阿拉斯加桧柏 yellow cedar

柏科扁柏属

拉丁学名：*Chamaecyparis nootkatensis*

树名	阿拉斯加桧柏		
分类	柏科扁柏属	锯加工性	容易
心材颜色	黄色	刨加工性	容易
边材颜色	浅黄白色	耐腐蚀性	强
心材和边材的边界	不清晰	耐磨性	强
斑纹图案	不清晰	胶接性	良好
硬度状况	中等	干燥加工性	容易

【分布】美国阿拉斯加南部至加利福尼亚北部的喀斯喀特山脉的太平洋沿岸，广泛分布有阿拉斯加桧柏。加拿大的温哥华周边也分布较多。

过密部分少的优质木材

在植物学中，该树种属于扁柏属。相比于美国扁柏，阿拉斯加桧柏为圆锥形明显的树形，树高30m，直径1m左右，颜色和气味接近青森罗汉柏。过密部分较少，比青森罗汉柏的性质更加优良。不形成单一林，蓄积量并不多。

耐腐蚀性优于美国扁柏，在日本常用作建筑材料、装饰材料、门窗材料等，也可用于制作地基的边角装饰等。粗木材加拿大较多。圆木无法进口，多以标准切割材料的状态进口。在原产地，用于制作游艇等。

材料面比美国扁柏更具光泽，心材适合制作纸浆。

阿拉斯加桧柏用于制作地板。

树名	日本花柏		
分类	柏科扁柏属	锯加工性	容易
心材颜色	带黄浅褐色	刨加工性	容易
边材颜色	白色	耐腐蚀性	强
心材和边材的边界	清晰	耐磨性	中等
斑纹图案	不清晰	胶接性	良好
硬度状况	中等	干燥加工性	容易

【分布】日本花柏主要生长于日本的本州及九州，熊本县以南、岩手县花卷市以北及四国等地区并无生长。在木曾谷、伊那谷、赤石山脉的千头水洼、秩父、飞驒山脉等的山岳周边的溪流边可见到纯林。

日本花柏

柏科扁柏属

拉丁学名：*Chamaecyparis pisifera*

适合用于制作饭盆或饭桶

　　日本花柏的材质就像是失去气味和光泽的日本扁柏。树高35m，直径1m左右。

　　日本花柏的边材为白色，心材为带黄浅褐色，外观看似日本扁柏。其性质接近杉木，是日本针叶树中密度最小的木材。

　　它极易干燥，非常容易割裂。切割加工方便，但是可塑性一般，缺乏美感。

　　日本花柏多用于制作饭盆、饭桶、水桶及水盆等。饭盆充分利用了日本花柏吸湿、放湿性较好且不易因接触水而变形的特性。较强的耐水性，使其最适合制作家用的小型浴桶。此外，其材质轻且不易变形，可用于制作漆器的基材、量具、撑板。

　　广泛用于制作祭奠器具、箍圈、酒桶栓、食具垫板、鱼糕板、渔网浮子、模具、雕刻材料、佛龛等。但是，这种木材数量较少，建筑中可用来制作天花板、门框横木等。此外，其材质太软，用作结构材料的情况并不常见。因其材质稳定且不易变形，还可用来制作拉门的中档等外观不可见的物品。但是，不适合用来制作拉门中经常摩擦的外观材料。

　　对比金松或日本扁柏，其止水性能稍差，所以，家具中用于制作外观不可见的部分，以发挥其易干燥且质轻的优点。

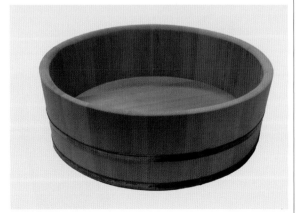

制作寿司时用的切米盆，如果不使用日本花柏木材制作，难以达到较好的切米效果。此外，饭盆的原形为椭圆形，现实中较多制作成方便使用的圆形。

日本香柏

柏科崖柏属

拉丁学名：*Thuja standishii*

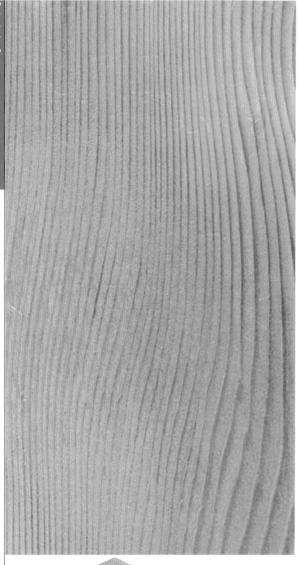

树名	日本香柏		
分类	柏科崖柏属	锯加工性	容易
心材颜色	黄褐色带黑色	刨加工性	容易
边材颜色	白色	耐腐蚀性	强
心材和边材的边界	清晰	耐磨性	强
斑纹图案	不清晰	胶接性	良好
硬度状况	软	干燥加工性	容易

【分布】日本香柏是"木曾五木"之一，少量分布于木曾谷周边，隐岐诸岛、四国中部、纪伊半岛中部、伊豆半岛、房总半岛等的山区也有零星分布。

用作门窗材料及日式家具的材料

木曾谷周边以外的树木枝叶繁茂，树木可利用的范围较小。

日本香柏属于柏科，树皮近似日本扁柏，呈浅黑色，树皮好似已剥落。日本香柏木材的触感近似天然杉木，材质同北美乔柏极为相似。其收缩率小、不易变形，但缺乏光泽且强度弱，不适合用作结构材料。切割加工方便，是容易处理的木材。

这种木材的蓄积量较少，市场上较为少见。通常作为散料，搭配日本柳杉、日本扁柏售卖。

作为装饰材料，适合制作雕刻栏、天花板等，还可制作垫板小箱、弯曲物、陈列柜、烟灰缸、日式桌、书架、茶柜、装饰框。

北美乔柏是日本香柏的近亲树种，它们是崖柏属中最大的树种。

加工北美乔柏时，受到材料中包含的杀菌性物质环庚三烯酚酮的影响，存在引起过敏的弊害。日本香柏也一样，可能引起作业人员出现鼻炎、结膜炎、哮喘等。所以，切割日本香柏时，最好佩戴工业口罩等呼吸防护用具。

一种被称作"香柏"的园艺树种也是日本香柏的近亲，在美国东北部多用于庭院的景观装饰。其叶子揉捏后散发出香气，令人愉悦。侧柏也是其同族，且侧边的小枝叶竖起，是中国品种。

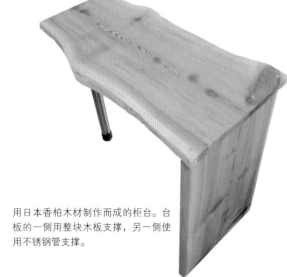

用日本香柏木材制作而成的柜台。台板的一侧用整块木板支撑，另一侧使用不锈钢管支撑。

树名	北美乔柏		
分类	柏科崖柏属	锯加工性	容易
心材颜色	暗红褐色	刨加工性	容易
边材颜色	白色	耐腐蚀性	强
心材和边材的边界	清晰	耐磨性	弱
斑纹图案	不清晰	胶接性	良好
硬度状况	软	干燥加工性	容易

【分布】北美温哥华、奥林匹亚半岛、西雅图周边有许多北美乔柏同花旗松混交生长。再向南边，逐渐变化为红杉种。木材的红色越发强烈，褐色则变浅，呈现更加绚丽的色彩。产出方面美国华盛顿州最多，其他如俄勒冈州、爱达荷州、蒙大拿州等都是其商用产出地。

北美乔柏 western red cedar

柏科崖柏属

拉丁学名：*Thuja plicata*

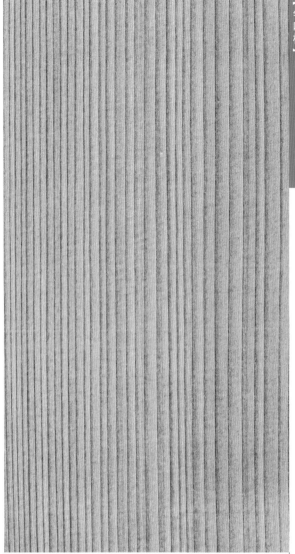

耐水性强的外观装饰材料

太平洋沿岸的北美乔柏称作"西部侧柏"，大西洋沿岸的新英格兰地区的北美乔柏则称作"西洋柏"。树种近似日本香柏，木材颜色与日本香柏相比稍显红黑色，材质柔软，接近日本花柏。耐水性、耐腐蚀性强，适合用于制作外饰及栅栏等。其中西部侧柏可以长成巨大的树。

在北美，最常用于屋顶修葺。在日本，除了用于屋顶装饰，其心材还用于制作各种张贴物。

地板的框架、支柱等以北美乔柏为材料，表面还要贴上黑檀等装饰材料。北美乔柏的变形量小且接合性佳，天然干燥状态下使用较为廉价。日式壁龛侧的书院组合、错位架组合等，大多是以北美乔柏木为芯材，再加上衬板制作成台面，最后加上一层装饰衬板（刨切单板）加工而成的。门窗材料中使用的北美乔柏，较多为太平洋沿岸南部颜色较浅的材料。北方颜色较深的材料，如果木纹好看，可加工成天花板。而且，随着均匀脱色等先进技术的开发，色调不均匀的木材也能被加工成装饰性极强的实用材料。厚度3cm左右的板材，可加工成地板使用。

在日本，东方红杉是一种较为少见的木材，同属于北美乔柏，但木材颜色稍显亮红色，主要用于制作农场的栅栏，其节眼非常多，用途非常有限。东方红杉生长于阿巴拉契亚山脉南侧的高原，墨西哥湾周边平原的部分区域也有零星生长。

东方红杉耐水性强，广泛用于制作木甲板或栅栏等外装材。而且，东方红杉的标准尺寸材料可在建材市场购得，方便手工爱好者使用。

圆柏

柏科刺柏属

拉丁学名：*Juniperus chinensis*

树名	圆柏		
分类	柏科刺柏属	锯加工性	容易
心材颜色	红褐色	刨加工性	良好
边材颜色	黄白色	耐腐蚀性	强
心材和边材的边界	清晰	耐磨性	良好
斑纹图案	不清晰	胶接性	良好
硬度状况	较软	干燥加工性	容易

【分布】部分种类生长于深山。日本本州以南（包括北海道）生长的种类可以成木，作为经济木材使用。

成材量少的优质木材

因其成材量少，作为建筑材料使用并不常见。也因其切削性较好，大多被用于制作材料使用较少的铅笔杆等。

近年来，随着日本产的东北红豆杉的逐渐减少，为了制作铅笔杆等也开始进口美国西部的东北红豆杉。但是，东北红豆杉也存在相同的情况，虽然材质优良，但是难以大量成材。

Juniperus chinensis 'Kaizuka' 是柏科刺柏属的小乔木，也是一种园艺树种。

"药师如来坐像（兵库县 清林寺收藏）"木心干燥漆面。
使用日本扁柏木材制作木心（左图），再使用混入了圆柏锯末的木漆勾勒细致部位（上图）。
混入木漆中的锯末使用树龄超过 400 年的珍贵圆柏制作。
作者：佛像雕刻家 村上清（佛师清）

树名	黑松		
分类	松科松属	锯加工性	容易
心材颜色	浅红褐色	刨加工性	容易
边材颜色	白褐色	耐腐蚀性	弱
心材和边材的边界	清晰	耐磨性	强
斑纹图案	不清晰	胶接性	良好
硬度状况	中硬	干燥加工性	较困难

【分布】黑松也有白芽松的别名。除北海道以外的日本全境沿岸均有生长，是日本具有代表性的风景树之一。其中较为著名的景观林有：美保的松原、静冈的千本松原、东海道松林、岛根之关的五本松。黑松被称作"雄松"，赤松被称作"雌松"，且赤松生长于山地。

黑松

松科松属

拉丁学名：*Pinus thunbergii*

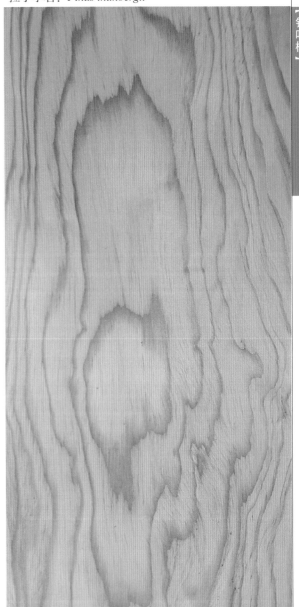

同人类共生共存之良友

随着锯材工具的发展，松木开始作为经济木材使用，所以使用历史并不是很久远。日本正仓院的器物中没有松木制作而成的，"登吕遗迹"的灌溉堰板、支护桩也是使用的杉木。在铁制工具相对匮乏的时代，木材的使用、加工并不使用锯子，而是采用敲入木楔分割木材，再制作成板材的方法。所以，难以分割的松木同大多数阔叶树一样，被敬而远之。

通常人们认为，松不是经济木材，而是观赏植物。有松绿、松色、松风、松籁、松韵、卧龙之松等优美的词语，还有松竹梅、松饰、门松、松廊等寓意美好的词语。此外，还有祝愿长寿的词语，如常磐松、松龄、高砂松、尾上松、羽衣松等。类似这样的词语，总是能够形神兼备地描绘出黑松的特点。所以，松被形容成同人类共生共存之良友。

黑松的树皮呈清晰的鳞状，成木之后的姿态犹如飞龙一般。因此，各处的神社、寺庙都将其作为"镇社（寺）之宝"精心种植，且多数成长为参天大树。

据说，黑松比赤松更容易取松脂。松脂则可用于制作肥皂的凝固剂。充分干燥的黑松木材被松脂渗透，呈现出特别美的光泽。这种木材通常称作"老松"，可做成最高级的长木地板。壁龛中的老松木材也是最高级材料，而且壁龛侧边的前地板使用松木已成为常识。

黑松在水分较多的土壤中具有较强的耐腐蚀性；但是，在湿度较高的空气中，会过早开始被腐蚀。利用其在水中的耐久性，可用来制作桥梁、港湾的支护桩、梁木、门扇、水门等。安艺的宫岛，还有一种称作"松盆"的特产。这是用黑松加工成的茶托和盆具，再用松脂浸色打磨，使其带有古色古香的质感。作为经济木材，宫崎县的穆佐松品质最高。

黑松的平木纹呈现扭曲状，且大量浸入松脂，形成虎眼杢。形态就像稀有的猫眼石，随着角度的变化，还会呈现各种闪耀的色彩。

赤松

松科松属

拉丁学名：*Pinus densiflora*

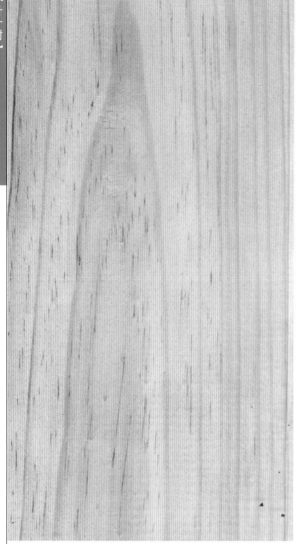

赤松切割成小尺寸木材，还能用作展示板的框架。

树名	赤松		
分类	松科松属	锯加工性	容易
心材颜色	浅白褐色	刨加工性	容易
边材颜色	白褐色	耐腐蚀性	中等
心材和边材的边界	不清晰	耐磨性	强
斑纹图案	不清晰	胶接性	良好
硬度状况	中等	干燥加工性	较困难

【分布】赤松以日本北海道渡岛半岛为界，向南的海岸边山区均有生长。松茸在赤松的根部长出。黑松中采集的担子菌可制作成茯苓，是一种利尿剂。而且，黑松林中还能采集到松露。

极富耐久性，多用作结构材料

赤松木材缺乏杉树木材的装饰性，而且同日本扁柏一样出脂较多，较少用于同肌肤接触的材料中，在建筑材料中评价较低。

作为主要的建筑材料，通常以圆木状态用作房梁等。具有较强的耐久性，可用作双层梁或托梁等需要强度的结构材料。

出松脂较少的优质材料用于制作门槛或门楣的摩擦部位，既顺滑，又具备耐久性，因此广受好评。此外，丹波地区采伐的直材圆木，还能带着树皮用于制作茶桌的支柱等。

赤松最广为人知的用途是制作土中的支护桩。在水分较多的土中打入的赤松支护桩，具有较强的耐腐蚀性。所以，从19世纪90年代之后，它被广泛用于钢筋混凝土结构建筑的土夯地基中。东京丸之内的楼群建于岩层上堆积而成的河口沙土带的松软地基之上，40尺[*]的赤松圆木，每坪[**]需要打入6~9根。

1985年，一些古建筑被推倒重建，土中取出的赤松支护桩尚未腐烂，甚至被重新制作成结实的梁木。

---

* 尺贯法单位。

** 日本面积单位，1坪 ≈ 3.3m^2。

树名	日本五针松		
分类	松科松属	锯加工性	容易
心材颜色	浅黄褐色	刨加工性	容易
边材颜色	白色	耐腐蚀性	弱
心材和边材的边界	清晰	耐磨性	弱
斑纹图案	不清晰	胶接性	良好
硬度状况	中等	干燥加工性	容易

【分布】因五叶丛生而得名"五针松"。此外，赤松及黑松均属于二针松。日本五针松分布于日本海拔较高的山岳地区。本州中部以南较少用作经济木材，大多用于盆栽及庭院鉴赏。

日本五针松

松科松属

拉丁学名：*Pinus parviflora*

广泛用于制作铸造物的木制模具

日本五针松会自然生长出许多碍事的根，是一种运送费用较高的木材。但是，这种木材是铸造工业中不可或缺的材料，切削成型效果非常好，可用于汽车、工业设备等的模具的制作。

钢琴键盘的底座和钢琴等弦乐器的箱体最适合使用日本五针松木材制作。其柔美的木纹，使其适合用作建筑中的结构材料，用于制作装饰压条、门楣、门槛等使用事例也不罕见。卓越的切削特性，使其还可用于雕刻佛像。

俄罗斯的赤松和日本五针松为同种。

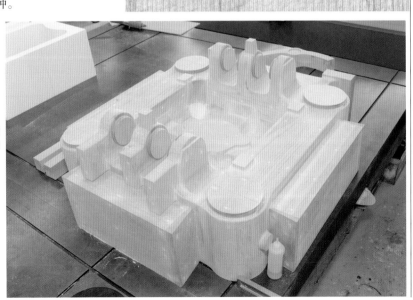

喷射成型设备的木模。日本五针松的材料费用较高，自 1955 年开始便较多使用俄罗斯产的赤松。

琉球松

松科松属

拉丁学名：*Pinus luchuensis*

树名	琉球松		
分类	松科松属	锯加工性	中等
心材颜色	浅红褐色	刨加工性	较困难
边材颜色	黄白色	耐腐蚀性	弱
心材和边材的边界	清晰	耐磨性	中等
斑纹图案	清晰	胶接性	良好
硬度状况	中硬	干燥加工性	中等

【分布】琉球松在中之岛以南至与那国岛有分布。琉球松是琉球群岛固有的树种。

王府时代使用的木材

琉球松是冲绳的针叶树中产量最多且体积最大的树种，被指定为冲绳县的县树。

可用材料呈黄白色，心材呈浅红褐色，心材和边材的边界清晰。如果树龄未达到 40 年，不会形成心材。

此木材并不通直，螺旋木纹和应压部分较多，难以较长取材。

在王府时代用于造船等。容易受白蚁侵蚀，不适合用于建筑中。现在还有象鼻虫害的问题，采伐量逐渐减少，产出量也随之减少。

西黄松 ponderosa pine

松科松属

拉丁学名：*Pinus ponderosa*

树名	西黄松		
分类	松科松属	锯加工性	容易
心材颜色	浅红亮褐色	刨加工性	容易
边材颜色	浅黄白色	耐腐蚀性	弱
心材和边材的边界	清晰	耐磨性	弱
斑纹图案	清晰	胶接性	良好
硬度状况	软	干燥加工性	中等

【分布】西黄松分布于美国西部 11 州及南达科他州、墨西哥北部的广大地区。

需求高的建筑材料

西黄松在美国国内也是商业需求较高的树种，目前已被大量生产并制造成经济木材。

可用材料呈浅黄白色，心材呈浅红亮褐色，心材和边材的边界清晰。该木材缺乏强度，柔软且几乎没有冲击抵抗能力。通常，通直木纹的木材较多，具有扭曲的倾向。

主要用于制作木托盘，还可用于制作支柱、支护桩、枕木、积层板、窗框、门扇，中级材料用于制作地板框架等。美国的住宅中，其节眼部分可作为室内装饰材料。

树名	萌芽松		
分类	松科松属	锯加工性	容易
心材颜色	暗红褐色	刨加工性	良好
边材颜色	浅黄白色	耐腐蚀性	中等
心材和边材的边界	清晰	耐磨性	强
斑纹图案	不清晰	胶接性	良好
硬度状况	硬	干燥加工性	较困难

【分布】萌芽松有4个树种：长叶松（longleaf pine）、短叶松（shortleaf pine，与Jack pine不同）、火炬松（loblolly pine）、湿地松（slash pine）。这4种松，统称为南方松（southern pine）。

萌芽松 southern shortleaf yellow pine

松科松属

拉丁学名：*Pinus echinata*

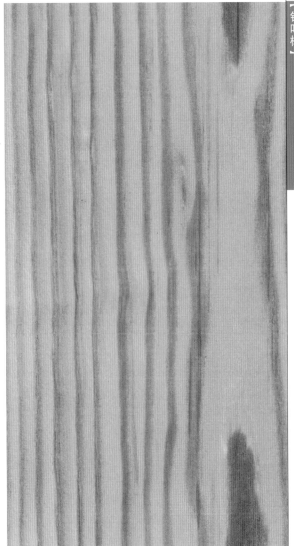

因保龄球而提升知名度

该树种的锯材产自美国佐治亚州、亚拉巴马州、阿肯色州、北卡罗来纳州、路易斯安那州等地。北美西海岸地区，也将西黄松称作萌芽松。因保龄球运动而被人们所熟知。

这种树的心材没有价值，只有边材有用。萌芽松的原生树带有厚度2.5cm左右的较薄的边材，还有较硬的心材。种植后经过20年才能形成心材，100年左右达到采伐期，这时的心材只剩下1/3左右。边材为均匀的浅黄白色，具有较强的光泽，材料表面质地硬、耐磨损，所以可用于制作保龄球场的地板。还用于制作木制小艇、风琴的零件、木制滚柱等。无节眼的优质木材出口至南欧及北美，加工成广受好评的百叶门。

萌芽松可成长至树高40m、直径70cm左右。北美地区的锯材工厂持有100处以上的自主经营林区，每一处林区均种植1年的采伐量。采伐100年后循环至原来的林区，消费量不增加的前提下，工厂原料可以源源不断地供应。

按照北美的木材分类，政府机关的Forest Products Society（林产品协会）发行的*Wood Handbook*《木材手册》的松木材分类中并未找到萌芽松这个树名。

松树分类为12种：北美白松（eastern white pine）、短叶松（Jack pine）、美国黑松（lodgepole pine）、北美脂松（pitch pine）、晚果松（pond pine）、西黄松（ponderosa pine）、赤松（redpine）、南方松（southern pine）、山地松（spruce pine）、糖松（sugar pine）、弗吉尼亚松（Virginia pine）、山白松（western white pine）。萌芽松属于其中的南方松。

在太平洋沿岸（West Coast），说起萌芽松，人们就会想到西黄松或小干松等锯材颜色为黄色的树种。所以，使人们转变观念，理解南方松中的southern shortleaf yellow pine（*Pinus echinata*）就是萌芽松是颇费周折的事情。在北美，松木材较多用于制作电线杆，不被作为重要的锯材。

保龄球场中使用的萌芽松木地板，轨道使用糖槭木材制作。

新西兰辐射松 radiata pine

松科松属

拉丁学名：*Pinus radiata*

树名	新西兰辐射松		
分类	松科松属	锯加工性	较困难
心材颜色	浅红褐色	刨加工性	较困难
边材颜色	带黄白色	耐腐蚀性	弱
心材和边材的边界	清晰	耐磨性	强
斑纹图案	不清晰	胶接性	良好
硬度状况	中等	干燥加工性	较困难

【分布】在日本的木材界，从新西兰引进的木材被称作"新西兰木"，原生树种是仅生长于美国加利福尼亚州蒙特利地区的"*Pinus radiata*"。

新西兰辐射松不仅在新西兰，在南半球的大部分地区均有种植，智利、澳大利亚、南非等国家都有一定的蓄积量。它是一种成长较快的树种，20 年左右就能达到 26~30m 的树高。在新西兰，以 25~30 年为一个采伐周期，轮流采伐。

用于制作积层材等各种产品

针叶树通常呈螺旋上升状，树枝逐根依次伸出。新西兰辐射松则以一定的节间隔展开树枝，呈现出伞骨的形状，肯宁南洋杉等也具有这样的特性，由一点延伸至 8 个方向。前 10 年任其自然生长，之后则需要人工管理，修剪下部的树枝，使没有节眼的木质部分生长至幼树的外围。边材部分有用，但是容易附着腐蚀菌，采伐后 3 日以内需剥开树皮，使用药剂等进行防菌处理。

幼树时期的中心部分尚未成熟，由密度低且年轮稀疏的纤维构成，收缩性强。带有螺旋木纹的部分不适合作为木材使用。

成材后，可用于制作住宅建设用材、家具、胶合板、积层材、MDF（中密度纤维板）等。新西兰辐射松具有较强的吸收能力，化学药剂容易注入。化学药剂注入之后，再经过人工干燥便可使用。未注入化学药剂的新西兰辐射松容易变色和被腐蚀，缺乏耐久性。经过防菌和防腐处理的干燥新西兰辐射松，其强度和耐久性堪比花旗松。

作为外部用材，还可用于制作牧场的栅栏、电线杆、游艇港等。其积层材还用于桥梁及体育场馆等大型建筑中。此外，部分新西兰辐射松还用于制作工业用托盘、捆包材等，是一种用途广泛的树种。

新西兰辐射松积层材可从建材市场购得，适合手工爱好者使用。

树名	南洋松		
分类	松科松属	锯加工性	容易
心材颜色	浅红褐色	刨加工性	容易
边材颜色	黄白色	耐腐蚀性	中等
心材和边材的边界	较清晰	耐磨性	中等
斑纹图案	清晰	胶接性	良好
硬度状况	中硬	干燥加工性	中等

【分布】南洋松分布于中南半岛。目前，东南亚地区有种植林分布。

南洋松 merkusii pine

松科松属

拉丁学名：*Pinus merkusii*

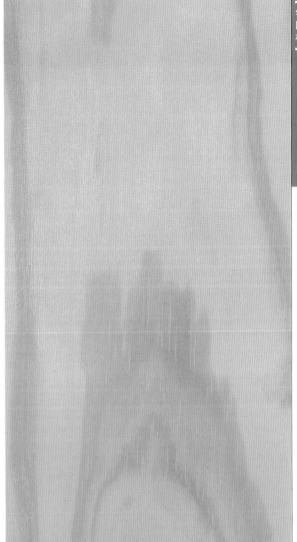

利用价值广泛的积层材

南洋松是热带松中知名度较高的树种，在目前被利用的松木材中属于最高级一类。

硬度适中，耐水性较好。边材和心材的边界较为清晰，边材呈黄白色，心材呈浅红褐色。

其积层材可用于制作装饰物品、家居用品、一次性筷子等。具有耐水性，所以还可用于建筑材料中。

其松脂还可作为松节油、松香的原料，所以部分地区禁止采伐。

南洋松的积层材和孔板制作的儿童写字桌。

南洋松的积层材。不经处理也能用作板材，是手工爱好者的常用材料。

鱼鳞云杉

松科云杉属

拉丁学名：*Picea jezoensis*

树名	鱼鳞云杉		
分类	松科云杉属	锯加工性	容易
心材颜色	深黄白色	刨加工性	较困难
边材颜色	深黄白色	耐腐蚀性	弱
心材和边材的边界	不清晰	耐磨性	弱
斑纹图案	不清晰	胶接性	良好
硬度状况	中等	干燥加工性	容易

【分布】鱼鳞云杉分布于日本北海道全境和千岛地区，库页岛地区是良材产地。但是，本州的中部山区和纪伊半岛大峰山也有生长。比库页云杉的分布范围更加广泛。库页云杉的树皮较薄，且带红色；鱼鳞云杉的树皮为黑色，且呈硬质鱼鳞状。

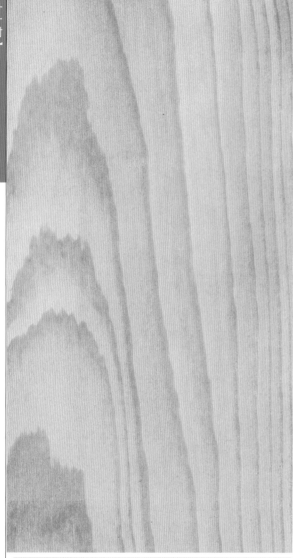

具备制作小提琴及风琴的优越质感

鱼鳞云杉在分类上并不是松属，而是云杉属。在北海道，制作构造材及内装材可以使用鱼鳞云杉。鱼鳞云杉幼株长有很多小枝，形成单一林。长大后小枝掉落，成为仅有树冠的形状。鱼鳞云杉生长非常缓慢，不适合造林，人工更新种植的情况很罕见。因其生长缓慢，树芯常会出现过热部分，从切口看，这个部分呈红褐色的星形。所以，这种花纹的木材也被称作"勋章材"。腐朽后褐色化的部分强度有所降低。同时，人们认为它具有变色特性。

鱼鳞云杉最适合用来制作报纸的纸浆，曾经被乱砍滥伐，专门用作造纸原料。其木材具有能够匹敌日本扁柏的强度，纯白且木纹通直。独立生长为圣诞树状的鱼鳞云杉较为罕见。属于群生植物，基本没有应压部分，适合制作乐器。

用于制作小提琴和风琴，能够发挥出优秀的性能。黑云杉（黑鱼鳞云杉）比库页云杉（红鱼鳞云杉）更具稳定形态，可被加工成薄木片或弯曲物体。在北海道，鱼鳞云杉是建造屋顶的主要原料，还大量用于建造铁路及造船等。鱼鳞云杉在北海道产树种中，蓄积量最多。鱼鳞云杉的一般用途和萨哈林冷杉一样，通常混合售卖。

俄罗斯的鱼鳞云杉同北海道产的质量相当，但是年轮更细，属于大缺陷较少的木材。

在北海道东部的置户町，利用产自当地的鱼鳞云杉或萨哈林冷杉的白色木纹木材制作出的器皿，简直就是精美的艺术品。

树名	萨哈林冷杉		
分类	松科冷杉属	锯加工性	容易
心材颜色	黄白色	刨加工性	良好
边材颜色	白色	耐腐蚀性	中等
心材和边材的边界	不清晰	耐磨性	中等
斑纹图案	不清晰	胶接性	良好
硬度状况	轻软	干燥加工性	容易

【分布】萨哈林冷杉分布于北海道全境、南千岛群岛、库页岛。

萨哈林冷杉

松科冷杉属

拉丁学名：*Abies sachalinensis*

同鱼鳞云杉一样是北海道的代表树种

北海道一带的平原至山区，萨哈林冷杉同鱼鳞云杉、大叶栎、华东椴等树木混生，部分地区也有萨哈林冷杉的纯林。

萨哈林冷杉是不含着色心材的熟材树，木材呈白色或黄白色，年轮清晰，木纹较粗。或许因为是普通的天然木，夹皮、冻裂、环裂、应压、烂心等缺陷较为常见。干燥容易，但是因干燥引起的收缩比鱼鳞云杉更大。

材质较软，切削及其他加工容易，表面装饰效果良好。通常，此木材的保存性较差，但是比鱼鳞云杉更难以腐烂。

通常用作建筑材、土木材、积层材的心材以及纸浆纤维板的原料，还多用于制作风箱、火柴棒等。

艺术质感的碗。巧妙运用其木纹，可制作成沙拉盘、碟等食具。

花旗松 Douglas fir

松科黄杉属

拉丁学名：*Pseudotsuga menziesii*

树名		花旗松		
分类		松科黄杉属	锯加工性	容易
心材颜色		带黄红褐色	刨加工性	容易
边材颜色		带黄白色	耐腐蚀性	强
心材和边材的边界		清晰	耐磨性	强
斑纹图案		不清晰	胶接性	良好
硬度状况		中硬	干燥加工性	较困难

【分布】花旗松在日本属于衰退的黄杉属树种。它是北美木材的代表树种，也是北美的重要树种。分布于加拿大、美国华盛顿州及俄勒冈州的太平洋沿岸丘陵地区，偶尔在肥沃的冲积平原上也有大树群生。

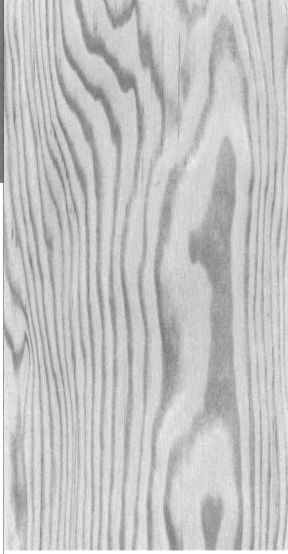

花旗松的直木纹。

原生木和人工木有所区别

　　树名为花旗松，黄杉属，是世界范围内仅在特定区域生长的单一树种。美国俄勒冈州很早便开始培育人工林加以利用，但是同原生木的性质有所区别。

　　花旗松的原生木（old growth）和人工木（second growth）的材质完全不同，而且木材的用途和价格也有很大差异。原生木近似黑松，具有比秋田杉颜色更深的精美木纹。人工木的材质均匀，原生木没有等级区别。

　　原生木的花旗松被称作"喀斯喀特树"，根据用途及直径，形成多种分类，价格也随之变动。它们仅生长在温哥华岛及加拿大本土的喀斯喀特山脉的太平洋沿岸，以及美国华盛顿州的塔科马周边的有限区域。加拿大的麦克米兰公司、西北公司、加拿大太平洋铁路集团公司及美国的惠好公司等开发西部以来，为了避免森林资源枯竭，将采伐量控制在每年森林成长量的6%以内，仅仅自然生长，便可确保森林不枯竭。再加上人们热衷于大规模育林，森林面积可谓大幅度增加。这类似于日本的"官木"管理，但是这种基于商业利润的做法确实更令人信服。

　　原生木的花旗松有着精美的木纹，只要树脂经过处理，几乎同秋田杉无异。在日本，它常用于酒店、食肆等大型日式建筑的内饰装修；随着脱脂技术的进步，逐步用于日式建筑的装饰用料中。

　　原生木的优质木材在美国主要用于制作胶合板。表面材料中的优质木材被定级为"PEELER级"。PEELER是指 PEEL 后的木材，PEEL 是指苹果等削皮的过程。此木材实际是指花旗松胶合板的表面板材所采用的缺陷较少的优质木材。

树名	落叶松		
分类	松科落叶松属	锯加工性	容易
心材颜色	红褐色	刨加工性	较困难
边材颜色	带褐色、白色	耐腐蚀性	强
心材和边材的边界	清晰	耐磨性	强
斑纹图案	不清晰	胶接性	较困难
硬度状况	硬	干燥加工性	较困难

落叶松

松科落叶松属

拉丁学名：*Larix leptolepis*

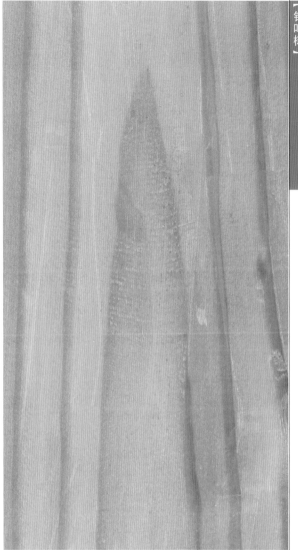

【分布】落叶松群生于阳光充沛的地方。日本的天然落叶松中，信州落叶松较为著名。群生地区中，富士山的半山腰、日光（地名）周边、浅间（地名）山麓、轻井泽（地名）周边、八岳（地名）周边等火山地带较为著名。但是，各地区的树名又极具地方特色，如"富士松""日光松"等。树高可至30m左右，直径可达1m左右。在日本，天然木生长区域北至藏王地区，南至静冈县的水洼周边。生长于海拔1 000~2 500m的地区。

厚重且色调鲜艳的天然落叶松

松科大致分为三类：英文中被称作"pine"的黑松类、称作"larch"的落叶松类及称作"fir"的鱼鳞云杉等云杉类。在日本，因歌谣而出名的落叶松自然生长于东北地区及北海道；第二次世界大战时期，因其幼年期的成长率较好而被培育成了次生林。经常受到野生鼠及毛虫等的侵害，管理较为困难，目前在找到相应对策之前，已停止人工造林。

材质方面，天然落叶松的年轮纤细，木材呈现厚重感，透着黑的红褐色木纹（板材纹）甚是鲜艳。

落叶松种植林的幼木生长异常快，春材大且粗，可以说没有观赏价值；秋材坚硬，切削加工操作复杂。种植林材的特征是呈螺旋状生长，相应地有的平木纹中会出现干裂纹缺陷。落叶松幼木如果制作成支柱，外观上明显比日本柳杉、日本扁柏更为劣质，所以不用来制作支柱。种植林材生长接近100年之后，从中心开始半径一半以外的部分年轮极为紧密，螺旋状生长的特性消失。

天然落叶松树芯部分的年轮不会生长太粗，边材以内均匀贴近的年轮整齐排列。天然落叶松中节眼较少的优质木材，建议利用其厚重的色调及鲜艳的木纹，用来制作地板支柱、地板框架、横木。

该木材如果未经充分脱脂即使用，木材中的树脂长年之后会浸色，所以需要人工脱脂干燥。脱脂材可用于制作积层材或家具等。落叶松的心材部分在水中的耐腐蚀性极好，作为木桩时是利用价值较高的木材。树皮中能够采集到松脂，树皮中的单宁是优质的染料，寄生于天然木上的真菌"苦白蹄"是珍贵的药材。

各种落叶松木材制品。不仅可以利用木材本身的特质，各种木漆方法也能改变装饰风格。

西部白松 western white pine

松科松属

拉丁学名：*Pinus monticola*

树名	西部白松		
分类	松科松属	锯加工性	容易
心材颜色	浅褐色、奶黄色	刨加工性	容易
边材颜色	带黄白色	耐腐蚀性	中等
心材和边材的边界	不清晰	耐磨性	弱
斑纹图案	不清晰	胶接性	良好
硬度状况	中等	干燥加工性	容易

【分布】喀斯喀特山脉和落基山脉之间的盆地，密集生长着小直径的落叶松和西部白松。

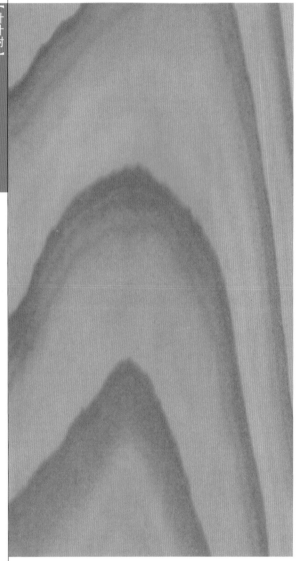

DIY 手工店中常见的木材

　　西部白松木材不易被腐蚀，是最适合用作纸浆原料的树种。

　　木材的粗细与北海道产的针叶树相当。冬季，用牵引车在冰上将其运至对岸，等待原料加工。

　　这种木材的制品整面遍布细小的节眼，有损强度的缺陷较少，材质均匀。人工干燥、四面切削的加工材料适合用于结构体中。西部白松与东部白松若不仔细观察难以分辨。木材在当地就被加工为成品出货，日本的DIY店中也能经常看到。

西部白松木材在一般住宅的建筑工地中，用作支柱和支柱之间倾斜交接、加固的木材。

树名	波尔多松		
分类	松科松属	锯加工性	中等
心材颜色	浅桃红色	刨加工性	中等
边材颜色	白色	耐腐蚀性	强
心材和边材的边界	较不清晰	耐磨性	强
斑纹图案	不清晰	胶接性	良好
硬度状况	中硬	干燥加工性	中等

【分布】波尔多松原产自法国的波尔多地区，阿基坦地区分布较多。

波尔多松 Bordeaux pine

松科松属

拉丁学名：不详

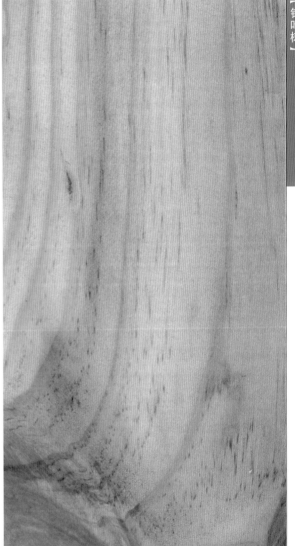

原产自著名葡萄酒产地的松材

波尔多松的产地为法国，阿基坦地区的丰饶森林地带是其主产地。

土质的恶化及沙漠化，已对农业造成了影响。所以，拿破仑三世开始将波尔多松作为种植林树木，被管理种植的松树林逐渐形成。目前，种植林仍然执行以环境保护为前提的计划采伐方案。

材质比北美红杉更坚硬，带有一定量的树脂。它们能够在海岸的强风及强烈紫外线环境下生长，而且木纹独特。在松材中也是优质木材，耐紫外线、不易损伤。

边材为白色，心材为浅桃红色，含树脂的强韧心材也会呈现红褐色。树皮中包含一种称作"松树提取物"的多酚成分，使其引起更多关注。

用途方面，作为具有原生态感的木材，可用于制作地板、外装用品、镶板、面板等。

即便在品种繁多的松木材中，波尔多松的木纹也属独特。自然风格的镶边极受欢迎。

西部铁杉 western hemlock

松科铁杉属

拉丁学名：*Tsuga heterophylla*

树名	西部铁杉		
分类	松科铁杉属	锯加工性	容易
心材颜色	带浅黄灰白色	刨加工性	容易
边材颜色	灰白色	耐腐蚀性	弱
心材和边材的边界	不清晰	耐磨性	弱
斑纹图案	不清晰	胶接性	良好
硬度状况	中硬	干燥加工性	较困难

【分布】原生林在美国西雅图以北的喀斯喀特山脉的太平洋沿岸地区较多。分布地区北至安克雷奇周边，南至塔科马周边。再向南边的话，就是木纹较粗的二次成林树种。埃弗雷特接近加拿大国境一带，是出产高需求量优质木材的地区。加拿大以北禁止圆木出口，以锯材的形式出货。此外，温哥华也有该树种的优质木材。

西部铁杉木材的防腐地基是一般住宅的必需品

西部铁杉同亚洲的铁杉是同属的树种。木材缺乏光泽及色泽，且经不住水湿，缺乏耐腐蚀性。群生于北美太平洋沿岸的多雨地区的山岳，可生长至树高70m、直径1m左右，但难以长成花旗松般的巨树。前端的树梢不像花旗松般直立，端部下垂，大雪会使前端树梢断落，树高无法进一步延伸，由此开始被腐蚀，是容易烂心的树种。西部铁杉的枝叶生长面积较大，不卷入树皮，接近阔叶树的生长方式，所以树枝伸出的部位或弯曲的根部容易发生应压。

西雅图及塔科马以北的喀斯喀特山脉的太平洋一侧出产木纹细且应压部分少（直材）的圆粗木。日本主要进口这种圆粗木，在纪州至濑户内海、广岛地区制作成锯材，作为杉木的代替品大量销售。众所周知，西部铁杉比花旗松含有更多水分，收缩率也更高，随着防腐加工技术的发展，其木材的防腐地基已成为一般住宅的必需品。

喀斯喀特材多用于制作住宅的内饰。西部铁杉的未加工面容易出现黑线（称不上缺陷），比云杉的品质略低。

生长地越向北，西部铁杉的木纹越紧实，材质接近纯白的木材越多。但是，腐蚀部分或细纹也变得更多，强度变弱的木材混入其中。

随着防腐加工技术的发展，西部铁杉木材已成为一般住宅地基的必需品。

树名	北美云杉		
分类	松科云杉属	锯加工性	容易
心材颜色	带黄浅红白色	刨加工性	中等
边材颜色	乳白色	耐腐蚀性	弱
心材和边材的边界	不清晰	耐磨性	强
斑纹图案	不清晰	胶接性	良好
硬度状况	中等	干燥加工性	容易

【分布】北美云杉除了分布在美国锡特卡周边，还作为独立树种分布于更广泛的区域。群生较少。通常，在西部冷杉树林中零星耸立。

北美云杉 Sitka spruce

松科云杉属

拉丁学名：*Picea sitchensis*

学术上统一的两种北美云杉

北美云杉中，有白云杉和锡特卡云杉。此外，还有英格曼云杉，但是材质较差。白云杉和锡特卡云杉同属，锡特卡云杉取名自阿拉斯加州的锡特卡市。

锡特卡周边分布的北美云杉木纹较细，近似红鱼鳞云杉，是非常优良的木材，所以被称作"阿拉斯加日本扁柏"。

北美云杉和鱼鳞云杉同为云杉属，锡特卡云杉是北美云杉树种中最为高大的一种。北美云杉生长于严寒地带且树皮薄，所以只有大木能够获取优质材料，这可能也是其缺点之一。加拿大至美国华盛顿州是北美云杉的优质木材产区，在这里随处可见直径超过 2m 的北美云杉。其木材越接近中心年轮越粗，大部分都是应压及水裂部分较多的劣质木材。锡特卡市附近的凯奇坎地区不允许出口圆木，在锡特卡有专门生产锯材的工厂，大量生产带有乐器准用 M 标记（Music 标记，即音乐标记）的优质木材。即便是锡特卡云杉这种优质木材，用来制作优秀乐器的采用率也非常低，同时形成了许多必须适合其他用途的等级。这些锯材由进口方进行再加工，成为分类更细的木材。细致木纹的无节木、毫无缺陷的优质木材非常少，是极其珍贵的品种。

优质的锡特卡云杉木材也较多用于吉他等乐器的制作。

木彩

佐藤忠雄

这些自然造就的艺术品，利用了屋久杉及大果紫檀的各种生动木纹，其自然美感完美呈现，且尽可能减少人工彩绘图案。

木彩是一种给木材绘制色彩的独特艺术。

旅途小憩

深山溪谷

涼

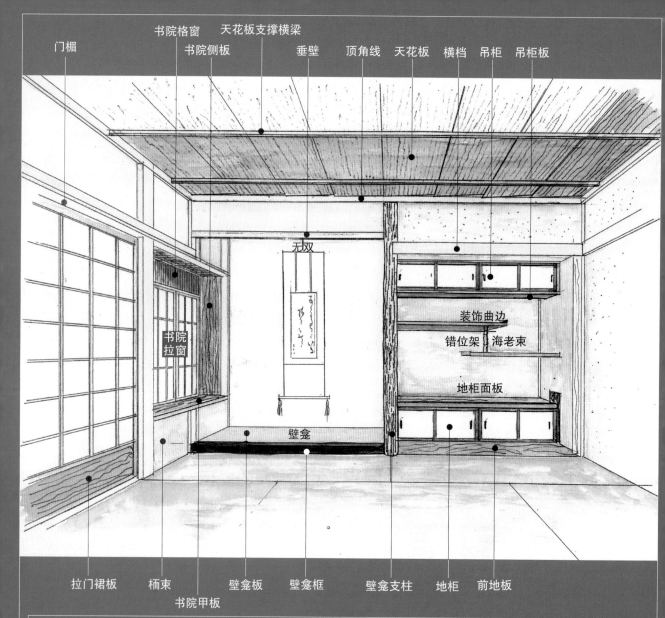

门楣　书院格窗　天花板支撑横梁　书院侧板　垂壁　顶角线　天花板　横档　吊柜　吊柜板

无双

书院拉窗

装饰曲边

错位架　海老束

地柜面板

壁龛

拉门裙板　栭束　壁龛板　壁龛框　壁龛支柱　地柜　前地板

书院甲板

壁龛构件的名称

上图为壁龛各构件的名称及使用位置。

壁龛由以下构件组成：门楣、拉门裙板、书院格窗、书院拉窗、书院甲板、栭束、天花板支撑横梁、天花板、顶角线、垂壁、无双（吊字画轴的构件）、壁龛板（图中是榻榻米，但通常使用木纹精美的木板）、壁龛框、书院侧板、壁龛支柱、横档、吊柜、吊柜板、装饰曲边、海老束（连接错位架上下架板的细短支柱）、错位架、地柜、地柜面板、前地板等。

壁龛形式有三种，分别是"真""行""草"。图中是介于"真"和"行"之间的中间形式。此外，"行"和"草"的形式并没有特别规定，"真"的形式则必须使用角柱。

原本，标准"真"形式的壁龛支柱是黑檀木的方形支柱或直木纹的方杉木。不过，右图中的槐树瘤白

也可看作"真"。正规的"真"构件则是秋田的"四方桎"，紫檀或黑檀木的实心角柱则是最纯正的壁龛支柱。包裹着积层加工的紫檀及黑檀木的支柱，因其质轻且价格便宜而被广泛采用。还有，据说槐木的壁龛支柱具有趋避火灾的意义。地道的做法是，在另外建造的壁龛（并非客厅壁龛）中使用槐木支柱，以实现趋避火灾的目的。上图的壁龛支柱是槐木经过"瘤白擦洗"加工而成的典型壁龛支柱。这种加工巧妙地保留了边材，根据锉刀切削出的花纹，工匠们能够制作出各种造型。其实，这就是利用槐木的边材和心材的颜色对比而衍生出的设计效果。

北山杉、赤松、百日红等的圆木为"行"的形式。"行"及"草"的使用方法灵活自由，可用于弯曲构件，也可用于保留树枝原状的自然构件等。

【阔叶树】

软质阔叶树材

树名	毛泡桐		
分类	玄参科泡桐属（散）	锯加工性	容易
心材颜色	浅灰白色	刨加工性	容易
边材颜色	浅灰白色	耐腐蚀性	强
心材和边材的边界	不清晰	耐磨性	强
斑纹图案	不清晰	胶接性	良好
硬度状况	软	干燥加工性	困难

毛泡桐

玄参科泡桐属（散）

拉丁学名：*Paulownia tomentosa*

【分布】在日本，毛泡桐分布于除北海道及四国以外的广大地区。会津盆地、筑波山麓、福岛浜通等地存积着良材。5月，毛泡桐还会盛开艳丽的花朵，远距离也很容易分辨毛泡桐。毛泡桐的采伐时期只在入梅前。

采伐到的毛泡桐经过梅雨的长时间浸润，灰汁得以清除，呈现出白银色且光泽鲜亮。

日式家具的常用木材

从日本福岛县的会津周边至关东，从古至今都有这样的习俗：如果生了女孩就会种上几棵毛泡桐。待到毛泡桐可以采伐时，就能用于制作女孩的嫁妆，经久耐用。所以，有毛泡桐的家，表示有待嫁之女。

毛泡桐材的特性是吸湿性及吸水性明显较弱。它会因大气中的水分而产生适度的收缩和膨胀，火烧后表面立刻焦煳、炭化，之后内部不会燃烧，具有热传导率低的特性。金库的内衬正是利用其这种性质，而只使用毛泡桐材制作。

毛泡桐材制作的木屐不打滑，贴合脚部，发出的声音也轻快且悦耳，整块直木纹木材的木屐是最高级品。

毛泡桐材掏空后还可用于琴、琵琶等的制作。正仓院还保留着名为"箜篌"的乐器，它是古代琴的原型。琴身用掏空后的毛泡桐圆木制作，琴弦如帆一般挂上上方，这就是琴的原始状态。

家具方面，用于制作斗柜、火盆、棋盘等，还被用于制作毽球板、能（日本乐器）面板、渔具的浮子等。毛泡桐木斗柜的优点在于用旧之后，通过维修能够恢复新貌。作为绘画用炭黑及眉墨的原料，毛泡桐属最上等。毛泡桐灰在茶席中不可或缺。

木屐制作中常用毛泡桐木材，它除了具有缓和脚部疲劳的优点外，乡村小道的碎石夹入木屐时，还具有保护木屐表面和防止磨损的效果，此外还有比其他材质的木屐更经久耐用的特性。在现在的柏油铺装路面上，其优点难以显现。

白梧桐 ayous

梧桐科白梧桐属

拉丁学名：*Triplochiton scleroxylon*

【阔叶树】软质阔叶树材

树名	白梧桐		
分类	梧桐科白梧桐属	锯加工性	容易
心材颜色	浅奶黄色	刨加工性	容易
边材颜色	浅黄白色	耐腐蚀性	弱
心材和边材的边界	不清晰	耐磨性	弱
斑纹图案	较清晰	胶接性	良好
硬度状况	轻软	干燥加工性	容易

【分布】白梧桐分布于喀麦隆、加蓬、刚果（布）、加纳、科特迪瓦。但是，在加纳称作"白木"，在喀麦隆、加蓬、刚果（布）等国称作"白梧桐"。

加工性优良的软质木

　　白梧桐高大延伸的枝干高达 20~25m，可获取长尺寸材。浅奶黄色材因其光泽而稍稍呈现出深色。木纹较粗，是通直的木材。其直木纹构成轻微交错的木理，呈现出细小斑点，从而形成光泽。

　　材质轻软且收缩性较小，因湿度而产生的变化较小，容易干燥，自然条件就能使其很快干燥。但是，成为锯材后，如果不尽快干燥，可能会有颜色变青的危险。

　　作为木材的特性是轻软，且耐冲击性强，加工也较容易。黏结及涂漆等效果均良好。加工时粉尘可能会导致人出现喘息症状，需要戴口罩等防尘护具。

　　用途方面，可用作内装用材、装饰材、雕刻材、箱体材、框体材等。

白梧桐木材的顶角线。其加工性好，也可用于制作框体材或木方等。

树名	轻木		
分类	木棉科轻木属（散）	锯加工性	困难
心材颜色	麦片色	刨加工性	困难
边材颜色	白色	耐腐蚀性	强
心材和边材的边界	不清晰	耐磨性	强
斑纹图案	不清晰	胶接性	良好
硬度状况	最轻软材	干燥加工性	容易

【分布】轻木原产自南美洲厄瓜多尔，是世界上密度最小的树。生长快，5 年左右树高达 20m，直径达 60cm。

轻木 balsa-wood

木棉科轻木属（散）

拉丁学名：*Ochroma lagopus*

刀具容易加工的手工材料

幼木的材色为纯白色，但经过 8 年后会变成褐色，外观价值降低。有硬轻木和软轻木之分，可用于雕刻或作为模型飞机的骨架、手工材料等，是知名度很高的材料。因其质地轻且坚韧，可用于制作化妆箱。还是一种保温性及隔热性优越的木材。

轻木用刀具切割较为容易，但是用锯子切断时纤维容易缠绕于锯齿上。要求具备特殊技术，使用完全没有锯齿的特殊锯子快速操作。锯末轻，在空中飘浮时遇火点着之后会产生粉尘爆炸，加工者需要具备大量加工的经验。

轻木和铝板的合成材可用作飞机的地板；轻木和不锈钢的合成材不容易产生静电，可用作液化气运输船的墙体。此外，船舶的救生艇也可用轻木制作。

轻木作为手工材料，可加工成各种方棒、圆棒、板。而且，也可从建材市场购得。

南洋楹 falcata

豆科合欢属

拉丁学名：*Albizzia falcataria*

树名	南洋楹		
分类	豆科合欢属	锯加工性	容易
心材颜色	白浅桃色	刨加工性	容易
边材颜色	白浅桃褐色	耐腐蚀性	弱
心材和边材的边界	不清晰	耐磨性	弱
斑纹图案	不清晰	胶接性	良好
硬度状况	软	干燥加工性	容易

【分布】南洋楹分布于马鲁古群岛、所罗门群岛、新不列颠岛。菲律宾、马来西亚、加里曼丹岛等东南亚及太平洋地区有种植林。

替代毛泡桐的方便取用的木材

　　边材和心材难以区分，心材中还带有近似白色的桃色。木纹粗且均匀，木理交错，直木纹木材具有不易开裂的特性。

　　材质柔软，强度极低，但是加工性良好。锯子和刀具等对其的切削性良好，且容易干燥。需要注意的是容易出现弯曲。

　　南洋楹容易受到小蠹或白蚁的侵害，对腐蚀菌的抵抗力也较差，所以要使用实施了防腐和防虫处理的材料。

　　用途为制作抽屉的侧板及底板、胶合板的心材、火柴棒等。在日本，人们也称其为"南洋毛泡桐"，可替代毛泡桐，用于箱体的制作。

　　锯材的进口量较少，板材、木方等较难获取。

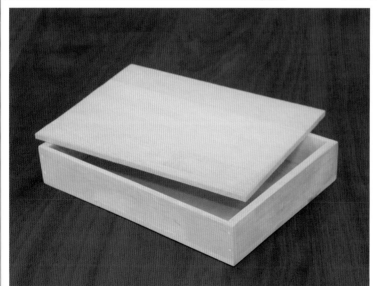

南洋楹作为毛泡桐的替代木材，可用于制作化妆盒等。

树名	华东椴		
分类	椴树科椴树属（散）	锯加工性	容易
心材颜色	带黄白褐色(有伪心)	刨加工性	容易
边材颜色	带黄白色	耐腐蚀性	弱
心材和边材的边界	不清晰	耐磨性	中等
斑纹图案	不清晰	胶接性	不良
硬度状况	中等	干燥加工性	容易

【分布】华东椴广泛分布于日本、中国。

华东椴

椴树科椴树属（散）

拉丁学名：*Tilia japonica* Simonk.

用途不同的"青椴"和"红椴"

华东椴还有"MADA"的别名，在阿伊努语中的意思是"结合"。常用于熊的雕刻。

MADA 是从华东椴幼木的树皮中采集的衣料纤维，可用于制作榻榻米线等。这种树的花是蜂蜜的主要来源之一。冰淇淋的木勺也多用椴木制作。

木纹看不见，木材容易加工成胶合板。但是，其中含有特殊的糖分，黏结困难。Ⅰ级的胶合板仅少量生产，有限定的用途。华东椴胶合板的表面材常为颜色青白的青椴木材。红椴木材用于胶合板的背面和中心。

华东椴加工成胶合板，具备非常多的用途。以前，华东椴木材的制图板被学生广泛使用。并且，其木材涂漆之后有接近樱花木的效果，可用于制作建筑的内饰、家具箱体等。一直以来，其锯材用于制作抽屉的侧边，但是随着加工省事的南洋松的广泛使用，华东椴的需求量逐渐减少。红椴容易滋生霉菌，制作成锯材之后，需要及时干燥。同刺楸一样，制作成特定尺寸的锯材，福山地区将其作为木屐原料"木屐棒"销售，加工而成的儿童用木屐，曾经有过较大需求。

圆木的中央有伪心，青椴的边材和心材的边界完全无法分辨。红色的中心形成的伪心较硬，导热性差，连作为柴火的价值都没有。

腐蚀之后容易形成青椴，变色材干燥之后，可制作成积层材的心材。还可作为家具用材。

青椴木材用于胶合板的表面。目前，种植林木材主要用于制作胶合板。

美洲椴

bass wood

椴树科椴树属（散）

拉丁学名：*Tilia americana*

树名	美洲椴		
分类	椴树科椴树属（散）	锯加工性	容易
心材颜色	带黄乳白色（有伪心）	刨加工性	容易
边材颜色	带黄乳白色	耐腐蚀性	弱
心材和边材的边界	不清晰	耐磨性	中等
斑纹图案	不清晰	胶接性	中等
硬度状况	中等	干燥加工性	容易

【分布】美洲椴以北美五大湖周边为核心，广泛分布于北美中部及东部，主要在北美中部加工。

广泛的利用价值

　　用途为制作胶合板、暖帘、门框、衣柜、养蜂箱等，建筑中还用作底层的木材。加工性良好，还可用作雕刻用材或手工材料。材质同日本的青椴无太大差异，但是密度比青椴小许多，收缩性是同等程度。

　　切口部分的保持力较弱，钉入钉子或螺钉时需要补强。

　　干燥之后无气味，可用于制作食品包装用的木丝或木桶。雕刻加工也方便，是雕刻家熟悉的木材。此外，还有白美洲椴树种，但是使用方面有所区别。

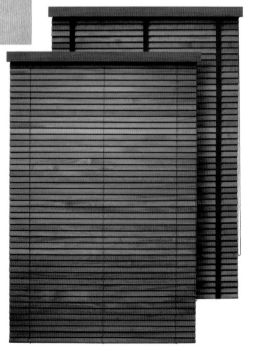

质地轻且不易变形的美洲椴木材，可用于制作高级百叶窗。

树名	连香树		
分类	连香树科连香树属（散）	锯加工性	容易
心材颜色	红褐色	刨加工性	容易
边材颜色	带黄白色	耐腐蚀性	弱
心材和边材的边界	清晰	耐磨性	中等
斑纹图案	不清晰	胶接性	良好
硬度状况	软	干燥加工性	容易

【分布】连香树生长于日本全境。通常，分布较多的称作"青连香树"，分布较少的"红连香树"是优质的木材。

连香树

连香树科连香树属（散）

拉丁学名：*Cercidiphyllum japonicum*

树种相同、属性却不同的"红连香树"和"青连香树"

连香树生长于肥沃的山谷温暖地区。但是，红连香树仅生长于平坦地区。较为著名的产地仅限北海道的日高支厅、日本东北的十和田湖周边。日高的沙流河、厚别河、新冠河的上游地区是优质材的产地。连香树主要分布于中国及日本。

材色精美的红连香树，其边材非常薄，没有应压部分的木材具备非常好的切削加工性。而且，雕刻用连香树材必须使用这种红连香树，否则容易变形。

加工方便，可形成润滑的表面。在阔叶树中属于软质树种。材质均匀且易于割裂，切削加工容易。相对于密度来说，强度并不高，保存性也不好。在日本东北地区，常用于制作成佛像。

青连香树应压部分较多，是一种属性完全不同于红连香树的木材。长野的善光寺内，有用青连香树制作的比较有名的"曲柱"。并不是故意使其扭曲，而是因为应压部分经久变化而形成了自然扭曲。粗木较多，通常能获取宽厚的板材。裂口、刀具切割效果差等加工性问题多少存在，可用于制作日式剪裁板、贴合板、砧板、木制雕刻材等。日光的中禅寺湖畔的木雕佛像最为著名。

作为优秀的雕刻材，日本厚朴的木纹缺损情况较少。但是，刀具加工、宽大板材取材方面，没有其他木材能胜过连香树。日高产的红连香树木材呈现澄清的朱红色，十和田的红连香树同日高产的相比，边材色深且材质偏硬。日本东北产的连香树材色带褐色，边材容易变为深色，所以锯材必须迅速干燥。日本东北或北海道，也有将青连香树木材用作装饰梁的例子。

镰仓雕自古以来就使用连香树木材。现在也有很多镰仓雕的爱好者，相关培训班和店铺的数量不断增多，但是连香树却持续减少。

日本厚朴

木兰科木兰属（散）

拉丁学名：*Magnolia obovata*

【阔叶树】软质阔叶树材

树名	日本厚朴		
分类	木兰科木兰属（散）	锯加工性	容易
心材颜色	浅蓝色稍带绿色	刨加工性	容易
边材颜色	灰白色	耐腐蚀性	弱
心材和边材的边界	清晰	耐磨性	弱
斑纹图案	不清晰	胶接性	良好
硬度状况	中等	干燥加工性	容易

【分布】日本厚朴在木材界写成"朴"，通常称作"朴树"。日本厚朴分布于日本。材质优良的木材从日本中北部地区采伐。

最适合用于雕刻

在北海道的日高山脉周边，出产边材薄且弯曲少的日本厚朴良材。产自奥羽山脉周边的也有良材，但是稍有弯曲的木材较多。日本厚朴的特征是基本没有应压部分，所以不会导致轻微的弯曲变得严重。

优质日本厚朴的心材呈清晰的浅蓝色且稍带绿色，所有方面均保持良好性质，而且边材越少越好。

日本厚朴的切削加工性非常好，春材切削时脱落较少，是最适合雕刻的木材。第二次世界大战后，电脚炉开始普及时，其被大量用于制作电脚炉木架。刀刃接触时不打滑，所以也用于制作砧板。如果说刀具能够具备不生锈的性质，刀鞘只能使用日本厚朴木材制作。

胶合板普及之前，日本厚朴是图板的主要材料。一种称作"朴齿"的高木屐（底板）使用毛泡桐木材制作。另一种日本厚朴木材制作的木屐"厚朴齿"，是当时学生的必需品。此外，日本厚朴的木炭可用作金、银的研磨材料。飞骋的高山地区，还有绝妙的朴叶味噌烧烤。

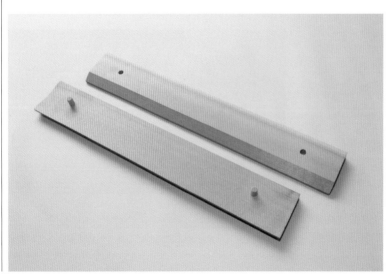

日本厚朴木材变形较少，可用于制作木工标尺。

树名	北美鹅掌楸			
分类	木兰科鹅掌楸属（散）	锯加工性	容易
心材颜色	带黄褐色，含紫色、绿色条纹	刨加工性	容易
边材颜色	乳白色、灰白色	耐腐蚀性	较弱
心材和边材的边界	清晰	耐磨性	较弱
斑纹图案	不清晰	胶接性	良好
硬度状况	较软	干燥加工性	容易

北美鹅掌楸 yellow poplar（tulipwood）

木兰科鹅掌楸属（散）

拉丁学名：*Liriodendron tulipifera*

【分布】北美鹅掌楸也称作郁金香木、美国白杨、金丝白木。北美鹅掌楸在日本的公园较为常见，与日本厚朴、黄玉兰同为木兰科植物。阿巴拉契亚山脉周围有野生树种分布，俄亥俄河河谷出产优质大木。佛罗里达州西北存在同叶形的树种，却是一种庭院木，无法成为经济材。北美鹅掌楸的边材又称作"白木"。北海道地区独成一派风景的箭杆杨是完全不同的树种。

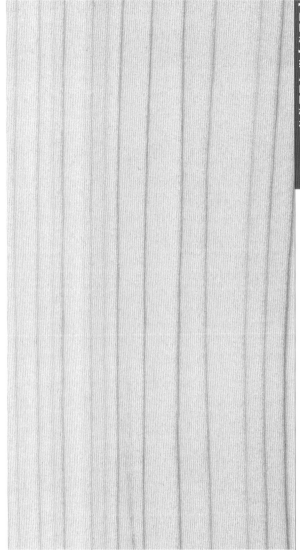

木材直径大，适合作为木模材

北美鹅掌楸交易时简单称作"杨木"。木纹基本看不清，心材从绿色渐变至略带紫色，边材呈乳白色或灰白色。树高40m，直径1m左右的也不罕见。密度0.45g/cm³，比日本厚朴略小。木理平滑且木材秋季变得柔软，切削加工非常容易，或许比日本厚朴的切削加工性更好。

容易干燥，是收缩及变形均不常见的树种。入钉的阻力小，不易开裂。

北美鹅掌楸也是一种适合涂漆面的材料。常用于制作玩具、门窗框、门、胶合板。分割保龄球道的半圆形槽结构使用北美鹅掌楸的成型胶合板制作，球循环通道的出口护罩也使用这种木材制作。胶合板出现之前，还被用于制作图板。

对比日本厚朴，北美鹅掌楸更粗，适合作为木模材。制作复杂形状的试制件时使用北美鹅掌楸木材制作模具，再仔细涂漆便能够达到相当高的强度。成本方面也比铸模廉价，所以可用于制作机械模具。

面板利用了木瘤自然造型的书桌。

日本辛夷

木兰科木兰属（散）

拉丁学名：*Magnolia kobusu*

树名	日本辛夷		
分类	木兰科木兰属（散）	锯加工性	中等
心材颜色	灰黄色	刨加工性	中等
边材颜色	灰白色或略带灰黄色	耐腐蚀性	弱
心材和边材的边界	清晰	耐磨性	弱
斑纹图案	不清晰	胶接性	良好
硬度状况	中等	干燥加工性	容易

【分布】日本辛夷分布于日本全境。

花蕾形状似拳头的树

与日本厚朴、木兰同属，与农耕关系紧密，据说自古以来凡是日本辛夷开花较多的年份就是丰收年。

汉字"辛夷"经常会出现在和歌、小说中。"辛夷"也是一种药材，主要治疗鼻炎等。

日本辛夷分布于日本全境，日本东北光照好且湿润的地区也能见到。但是，日本西部却不常见。

日本辛夷的边材呈灰白色或略带灰黄色，与心材区别明显。其木材近似日本厚朴，但是比日本厚朴更重且稍硬，刀锯加工性也较差，甚至材料的颜色及木纹的美感也稍逊一筹。所以，工艺性评价方面，自然不如日本厚朴。

加工的木材产量较小。主要用途是将带皮的细棒加工成茶室的地板柱等，其木材还用于制作屋檐的垂木、器具、玩具等。而且，同日本厚朴一样，其木炭可用作金、银、铜的研磨材料。

日本辛夷的细木棒作为地板柱使用。微白、圆形斑点均匀排列的木材价值更高。

树名	黄檗		
分类	芸香科黄檗属（环）	锯加工性	容易
心材颜色	带绿黄褐色	刨加工性	容易
边材颜色	灰褐色	耐腐蚀性	较弱
心材和边材的边界	清晰	耐磨性	较弱
斑纹图案	不清晰	胶接性	良好
硬度状况	中等	干燥加工性	容易

黄檗

芸香科黄檗属（环）

拉丁学名：*Phellodendron amurense*

【分布】黄檗在日本全境都有分布，优质木材产自北海道北见地区。喜好在山谷间土质肥沃、湿润的环境中繁殖。用落叶时期（初冬）收获到的种子播种并进行油粕施肥之后，就能轻松栽培。

适合制作日用家具的木材

从植物学上来说，库页岛地区分布有较多的库页岛黄檗，同日本关西地区的深山黄檗难以区分，所以都叫作黄檗。木材业者通常将其称作"百页"，不过刺槐也使用"百页"的称呼，需要仔细区分以免混淆。

树皮的软木层较发达，所以也称作软木树。但是，不可用来制作软木塞。

从黄檗中能够提取到汉方药"黄柏"。8 月左右从根部边缘剥开树皮，将内皮的黄色部分晒干可制作成黄柏。饭后服用黄柏粉末具有止泻效果；或者用作止痛药，将其粉末和食醋搅拌后用冷湿布敷于外伤部。陀罗尼助也是一种从黄檗中提取的良药。在念诵很长的《大悲心陀罗尼经》时将此药含入口中，其苦涩能令人打消睡意。黄檗还可用于制作洁面乳、扑粉等。用其做成的黄色染料也是精品，同蓝色染料混合后可调制出深绿色染料。

应压部分少的木材，可制作矮餐桌、陈列柜、鞋柜等日用家具。黄檗木材制作的中档用品比榉树、鸡桑等木材制作的高档用品略差，但相比于常见的木制品（杉木等材质）更具意趣。将黄檗木加工成温和的茶褐色，可营造出纯正的和式风格。质轻且结实，甚至可用于替代鸡桑。耐湿性强，由其加工而成的枕木和北海道地区使用的地基、浴室木板等经久耐用，广受好评。

黄檗木材制作的"八边形橱柜"。此为传统木工的应用例。通过磨漆处理，使木纹清晰显现。（作者：藤田幸治）

刺楸

五加科刺楸属（环）

拉丁学名：*Kalopanax pictus*

树名	刺楸		
分类	五加科刺楸属（环）	锯加工性	容易
心材颜色	浅灰褐色	刨加工性	容易
边材颜色	白色	耐腐蚀性	弱
心材和边材的边界	不清晰	耐磨性	强
斑纹图案	不清晰	胶接性	良好
硬度状况	中等	干燥加工性	容易

【分布】刺楸在日本全境广泛分布，北海道东北部出产优质木材。

作为漆器底料近似榉木

刺楸在日本全境广泛分布，随处可见。幼木树干带有针状的刺，因此得名。

在肥沃的土地生长，可种植作为判定土壤等级的试验树。可培育刺楸的土地是肥沃土地，反之则贫瘠。

刺楸的木材名是"栓"。优质木材产自北海道东北地区，关东地区的木材店将其取名为"螺"进行交易。其木纹与榉树极为相似，如果用作漆器底料可以假乱真。

栓中有性质优良的"糠栓"和材质坚硬的"鬼栓"，根据用途区分使用。糠栓材质柔软、木纹简洁，容易加工。鬼栓的木纹呈浅棕色，应压部分多，容易变形，刨加工可能会导致木材收缩。上漆后外观近似榉木，可替代其作为木碗等漆器的底料。此外，还用于制作铁道枕木。

糠栓以前锯成1~1.2尺宽的5分板或6分板，日式的碗柜、矮餐桌、鞋柜中均有使用。窄的板可制作成抽屉的侧板。糠纹（如米糠般细小的花纹）过细的木材开始腐蚀时，稍带黄色。

略带鬼脸纹且光润的糠纹木材材质最好，适合制作拼接板。其胶合板历史悠久，大量出口美国、德国。

直木纹的拼接板在欧洲很受欢迎，作为组合板出口，获得了凌驾于美国白蜡之上的高档木材地位。拼接板用于制作墙面、家具，只有鬼栓才能装饰出精美效果。栓材的小勺可用作"炉边烧烤"的食物取出勺。

栓的皱缩木纹（左）。直木纹（右）的拼接板在欧洲很受欢迎。

树名	日本七叶树			
分类	七叶树科七叶树属（散）	锯加工性		较困难
心材颜色	带红黄白色（有伪心）	刨加工性		较困难
边材颜色	带红黄白色	耐腐蚀性		弱
心材和边材的边界	不清晰	耐磨性		弱
斑纹图案	不清晰	胶接性		良好
硬度状况	中等	干燥加工性		较困难

【分布】日本七叶树在日本北至北海道，南至本州、四国的地区广泛分布，在东北地区的肥沃土地中群生。日本七叶树还是栃木县的县树，生长数量却不是很多，九州地区可以说少到几乎难以寻迹。

日本七叶树

七叶树科七叶树属（散）

拉丁学名：*Aesculus turbinata*

其涟漪般的木纹最让人津津乐道

七叶树属七叶树科，其中为人熟知的便是巴黎街道树——欧洲七叶树。

在日本，七叶树科仅日本七叶树一种，树高30m、直径2m的大木也并不罕见。5月开花，10月结出种子。日本七叶树的果实带苦味，经过一番处理才能烹制成"七叶树饼"。其叶子还能作为食器。

日本七叶树同华东椴、枫树类似，边材和心材难以区别，心材部分中心还有伪心（类似心材的坚硬、具有黏性的部分），伪心完全没有利用价值。

日本七叶树的细胞排列独特（同柿树一样），具有涟漪般的木纹。利用这种特殊木纹，大径木可用在壁龛的地板中。

日本七叶树的大木会形成皱缩木纹，此木材被视为珍贵木材。

用于制作地板支柱、框架等，还用于制作抽屉的侧边等。作为一般木材使用时容易滋生变色菌，提前进行人工干燥方可安全使用。还可用于制作小提琴的背板，相比于一等品欧洲械材质的背板是普及品。

荞麦粉糅合碗、年糕臼、饭勺等日本七叶树木材加工而成的用品，自古以来就一直在用。

作为柴火也没什么火力，特别是伪心部分甚至无法制作成纸浆或木炭。从树皮中提取的鞣酸用于制作鞣革。

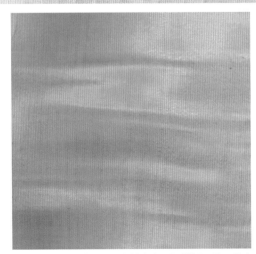

日本七叶树的皱缩木纹的木材称为"七叶缩"，是一种珍贵木材。华丽的旋涡纹木材也是极受欢迎的家具或手工艺品用材。

菲律宾娑罗双

manggasinoro

龙脑香科柳安属（散）

拉丁学名：*Shorea philippinensis*

树名		菲律宾娑罗双		
分类		龙脑香科柳安属（散）	锯加工性	困难
心材颜色		带黄白色	刨加工性	容易
边材颜色		白色	耐腐蚀性	弱
心材和边材的边界		清晰	耐磨性	强
斑纹图案		清晰	胶接性	良好
硬度状况		中等	干燥加工性	较困难

【分布】菲律宾娑罗双分布范围非常广泛，分布在印度、中南半岛、加里曼丹岛、菲律宾等地。

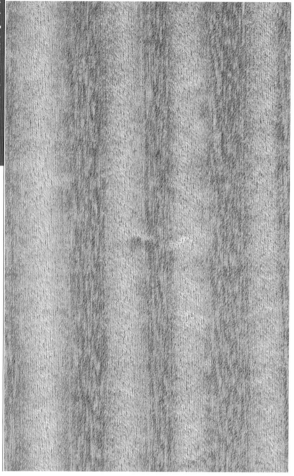

顺锯困难的木材（含硝酸结晶）

菲律宾娑罗双的圆木品相极佳，开裂少且无弯曲。因为材料中含有硝酸结晶，顺锯时刀头快速磨损，甚至会导致锯子被卡住。

薄片娑罗双的结晶含量相对较少，锯加工容易。硝酸结晶闪着光亮，木材整体呈现剔透感，多用于内饰装修。截锯、刨削通常可以顺利完成。加工成的刨切单板、饰面板的需求量较大，以厚条板的形式进出口。

此木材通称红娑罗双类黄柳安，在菲律宾称为"菲律宾娑罗双"或"黄柳安"，在马来西亚沙巴则称为"薄片娑罗双"，名称因产出国而异，容易弄混。

巴布亚新几内亚的异翅香是其同种，但是木材带绿色，装饰性较差，不适合用作刨切单板。其锯加工比薄片娑罗双困难，斯特莱特焊接锯片才能勉强锯开。

都道府县的代表树

日本的47个都道府县，代表各自县区的树种都已确定。这些树种中既有本书中出现的，也有本书中没有的。

北海道	鱼鳞云杉	新潟县	雪椿	冈山县	赤松
青森县	罗汉柏	富山县	立山杉	广岛县	鸡爪枫
岩手县	南部赤松	石川县	丝柏	山口县	赤松
宫城县	榉树	福井县	松树	德岛县	山桃
秋田县	秋田杉	岐阜县	东北红豆杉	香川县	橄榄树
山形县	樱桃树	静冈县	桂花树	爱媛县	松树
福岛县	榉树	爱知县	红花枫	高知县	柳杉
茨城县	梅	三重县	神宫杉	福冈县	杜鹃
栃木县	日本七叶树	滋贺县	鸡爪枫	佐贺县	樟树
群马县	黑松	京都府	北山杉	长崎县	日本扁柏
埼玉县	榉树	大阪府	银杏	熊本县	樟树
千叶县	罗汉松	兵库县	樟树	大分县	梅
东京都	银杏	奈良县	杉树	宫崎县	凤凰
神奈川县	银杏	和歌山县	乌冈栎	鹿儿岛县	樟树、海红豆
山梨县	枫树	鸟取县	东北红豆杉	冲绳县	琉球松
长野县	白桦	岛根县	黑松		

树名	白柳安		
分类	龙脑香科白柳安属（散）	锯加工性	较困难
心材颜色	白色	刨加工性	较困难
边材颜色	白色	耐腐蚀性	弱
心材和边材的边界	不清晰	耐磨性	中等
斑纹图案	清晰、纤细	胶接性	良好
硬度状况	中等	干燥加工性	较困难

【分布】柳安是龙脑香科的巨树，是南洋木材的代表。菲律宾称之为"lauan"，马来西亚称之为"serayah"，印度尼西亚的加里曼丹岛地区则称之为"meranti"。菲律宾的吕宋岛出产的硬质lauan，当地称作"tanguil"，出口欧洲时则以"菲律宾红柳安"为别名。

白柳安 white lauan, white meranti

龙脑香科白柳安属（散）

拉丁学名：*Pentacme contorta*

第二次世界大战后的平民木材

白柳安也被称作白娑罗双。

第二次世界大战后的日本住宅建设中，柳安胶合板是必备材料。即使作为锯材也具有广泛用途，价格便宜且容易获取，被大量用于住宅的内装或家具制作。

消耗量在第二次世界大战后急速增加的柳安木材，最初从环境优越的菲律宾棉兰老岛采伐。目前，主要以锯材形式进出口。

树名	红娑罗双		
分类	龙脑香科柳安属（散）	锯加工性	容易
心材颜色	浅黄灰色	刨加工性	容易
边材颜色	浅红褐色	耐腐蚀性	弱
心材和边材的边界	清晰或较不清晰	耐磨性	弱
斑纹图案	不清晰	胶接性	良好
硬度状况	软或中硬	干燥加工性	容易

【分布】红娑罗双的分布范围极小，包括马来半岛、加里曼丹岛、苏门答腊岛、菲律宾。

红娑罗双 red lauan

龙脑香科柳安属（散）

拉丁学名：*Shorea rubroshorea*

广泛用于建筑中，是全方位的高利用价值木材

通常，红柳安就是红娑罗双。

纹理较粗，通常木纹交错且带有纵向条纹。加工容易，锯削面具光泽。

容易受到褐粉蠹的侵害，心材具有抗菌能力，但是难以抵御白蚁，使用前最好进行防腐、防虫处理。

进出口量较少，市场上并不多见。

异翅香 mersawa

龙脑香科异翅香属（散）

拉丁学名：*Anisoptera marginata*

树名	异翅香		
分类	龙脑香科异翅香属（散）	锯加工性	较困难
心材颜色	浅黄褐色	刨加工性	容易
边材颜色	浅黄色	耐腐蚀性	弱
心材和边材的边界	不清晰	耐磨性	中等
斑纹图案	不清晰	胶接性	良好
硬度状况	轻软至中硬	干燥加工性	困难

【分布】缅甸、泰国、印度尼西亚、马来西亚、菲律宾、加里曼丹岛、苏门答腊岛、巴布亚新几内亚等地广泛分布。

不耐虫害的非室外用木材

异翅香是龙脑香科中分布最为广泛的木材之一。

木材的颜色为浅黄色至浅黄褐色，心材和边材的边界不清晰，心材比边材颜色稍深。边材容易受青霉菌侵害，需要注意处理。

纹理较粗，纵向木纹交错。

材质轻软至中硬，干燥需要耗费较多时间。

用途方面，可用于制作门扇、窗框、地板、壁板等。此外，可使用单板组合成胶合板，作为家具用材。

防腐剂难以注入，是一种容易遭受虫害的木材，不适合室外使用。

异翅香木材制作的室内壁板。
明亮色调没有奢华感，却酝酿出温馨的氛围。

树名	水胡桃		
分类	胡桃科枫杨属（散）	锯加工性	中等
心材颜色	浅黄白色	刨加工性	较困难
边材颜色	浅黄白色	耐腐蚀性	弱
心材和边材的边界	不清晰	耐磨性	中等
斑纹图案	不清晰	胶接性	良好
硬度状况	软	干燥加工性	容易

【分布】水胡桃又称日本枫杨或寿香木。日本东北至关东西部的山间湿润地带广泛分布，树高 25m，直径 1m 左右。

水胡桃

胡桃科枫杨属（散）

拉丁学名：*Pterocarya rhoifolia*

一种轻质木材

　　树干呈竖直状，是可利用部分多的树种。其轻质和色白仅次于毛泡桐，适合用于制作木屐、抽屉侧板、火柴棒，皮箕（树皮）还能用于山间小屋的屋顶修葺。

　　可制作成集成宽木材供应给家具厂商。材质软，但手锯等的锯削效果不好，容易出现缺损，导致成品不美观，并且存在易变色、易被腐蚀、易开裂等缺点。

　　生长于并不偏远的郊外，蓄积量却不少，是一种不必过分担心枯竭的木材资源。

树名	辽杨		
分类	杨柳科杨属（散）	锯加工性	较困难
心材颜色	带褐灰色	刨加工性	较困难
边材颜色	灰白色	耐腐蚀性	强
心材和边材的边界	不清晰	耐磨性	强
斑纹图案	不清晰	胶接性	良好
硬度状况	中等	干燥加工性	较困难

【分布】辽杨又称臭梧桐。在日本，主要分布于兵库县、静冈县以北的本州和北海道。属于北方类树木，从朝鲜半岛至乌苏里江、中国黑龙江地区广泛分布。
北美几乎全境生长，只是东部称之为三叶杨，西部的树种则是黑杨，性质略有差异。

辽杨

杨柳科杨属（散）

拉丁学名：*Populus maximowiczii*

可制作牙签、火柴棒等日用品

　　应压部分非常多的木材，应压部分的纤维分散，切削并不容易。而它也是一种弹性强的木材，可用于制作木舟等。木材无气味是其最大特征，所以用于制作木纸（用于食品包装）、食品箱、木框、酒桶等。因其具有吸收冲击的性质，所以弹药箱可用这种木材制作。

　　削薄并上色后，还能制作成手编工艺品。耐磨性强，可制作成木屐。此木材制成墨之后形成轻柔的木炭，用于黑火药的原料中。筷子、牙签、火柴棒和火柴盒等熟悉的日用品，都可采用这种木材制作。

胶桐 jelutong

夹竹桃科竹桃属（散）

拉丁学名：*Dyera costulata*

树名	胶桐		
分类	夹竹桃科竹桃属（散）	锯加工性	容易
心材颜色	麦秸色	刨加工性	容易
边材颜色	麦秸色	耐腐蚀性	弱
心材和边材的边界	不清晰	耐磨性	弱
斑纹图案	不清晰	胶揉性	良好
硬度状况	中等	干燥加工性	容易

【分布】胶桐生长于中南半岛、加里曼丹岛和马来半岛的干燥地区。菲律宾、巴布亚新几内亚并未发现。

广为人知的口香糖原料

这种树木的树液可提取口香糖的原料，所以它更广为人知的用途是作为口香糖原料，而不是当作木材。

胶桐的材色呈乳白色（麦秸色），木纹潜藏其间，材质均匀。密度与柳安相当，但干燥收缩小，适合雕刻。用于制作木模具、合成材料的心材、木框材等，广受好评。与北海道的华东椴一样，较多用于练习制作"能（日本鼓类乐器）"。木材本身的最大用途是制作高跟鞋的鞋跟，它是女鞋制造中不可或缺的重要耗材。

干燥、加工等容易，但是附着于木材表面的霉菌会使其很快变成绿色，所以需要在锯材加工后清理锯末并提前进行人工干燥处理。需求比供给多，通常一直处于库存不足的状态。

胶桐是一种切割性非常好的材料，截锯、顺锯均能轻松完成。

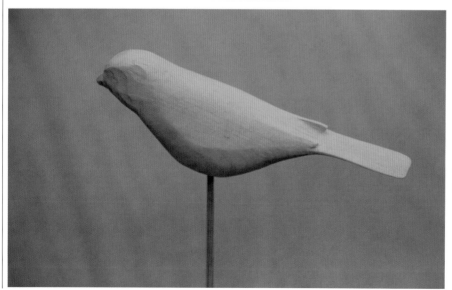

可制作装饰品，图片中是完成粗雕的状态。

树名	齿叶溲疏		
分类	虎耳草科溲疏属（散）	锯加工性	容易
心材颜色	黄白色	刨加工性	容易
边材颜色	浅灰白色	耐腐蚀性	强
心材和边材的边界	不清晰	耐磨性	强
斑纹图案	不清晰	胶接性	良好
硬度状况	中等	干燥加工性	良好

【分布】齿叶溲疏在日本全境可见，花园、庭院中经常种植。

齿叶溲疏

虎耳草科溲疏属（散）

拉丁学名：*Deutzia crenata*

桐材接合中发挥威力的木钉

5 月下旬至 7 月，齿叶溲疏盛开绚丽的白色花朵。与绣球花树种一样，切口具有中空特征，是一种树高仅有 2m 的灌木，不适合用作锯材。主要用途是制作木钉，用于桐材接合部分的加固等。

齿叶溲疏木钉并不专门制造用于销售，而由匠人自己加工制作。用刨子在木钉上方切削，也不会对刀片造成损伤。木钉搭配胶水，可同木材紧密接合。

树名	大叶钓樟		
分类	樟科山胡椒属（散）	锯加工性	容易
心材颜色	带红黄白色	刨加工性	容易
边材颜色	白色	耐腐蚀性	—
心材和边材的边界	清晰	耐磨性	良好
斑纹图案	不清晰	胶接性	良好
硬度状况	中等	干燥加工性	良好

【分布】大叶钓樟分布丁除北海道以外的日本全境。

大叶钓樟

樟科山胡椒属（散）

拉丁学名：*Lindera umbellata*

高级牙签的代名词

大叶钓樟并没有用作锯材的例子。它是楠木的近亲，作为树高 2~6m 的灌木并不粗。树皮呈黑色，与边材对比起来甚是美观，木材最适合制作高级牙签。生长于山区，采伐耗时较多，所以牙签也难以实现量产。

豹

隼

木之
Woody Museum
美术馆

炭烧木 小泉春树

以木材为画布，使用电热刀或喷焰枪代替铅笔描绘世界，做成炭烧木。利用木材所表现出的风格，呈现由此孕育的有生命的世界。

立体作品由小泉春树和顺子制作

小兔和小松鼠
的三角铁演奏

兔子一家
（讲故事）

非洲水牛

大角猫头鹰

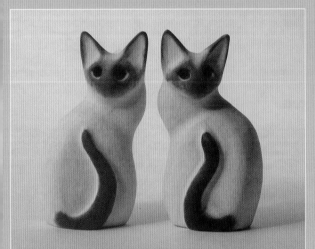

暹罗猫组合

猫头鹰的雏鸟

惊讶的金花松鼠

日本松鼠

被尊称为"神代"之树

土中、水中偶然发现并复活的树

　　树木的倾倒可能源于火山喷发、地壳运动等，树木掩盖于土中或水中，在氧气被阻隔的状态下，不被腐蚀菌、害虫等侵蚀，经历长年累月的变化，心材部半炭化的树木就成为"神代"。

　　有出土于火山台地、呈灰色或苍黑色等独特颜色的树木，还有呈褐色的"褐神代"。

　　神代中有形形色色的树种。在各树种的名称前加上"神代"，提升了树种的品级。其中，"神代杉""神代榉""神代黑榆（产自北海道）""神代水曲柳"等特别有名。神代所具有的独特属性使其在鉴赏性、历史性、稀有性等方面均存在价值。神代作为高级木材在市场上极为罕见，且往往以高价交易。

　　神代的独特色调或木纹，使其可作为高级木材用于制作骨木镶嵌作品、拼花工艺品、家具、建筑的内装饰件、格窗、佛具等。

　　神代杉是树龄 2 000 年的巨树，被鸟海山的岩浆所掩埋。在土中沉睡 2 000 年的圆木出土后，被赋予极高价值。

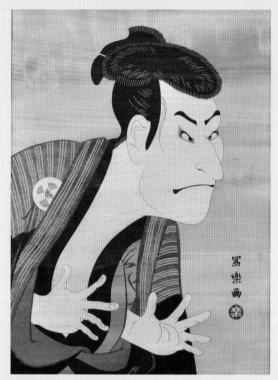

利用骨木镶嵌工艺制作的浮世绘（匠人"写乐"绘制）。头发部分使用神代连香树制作。

神代榉

神代连香树

神代黑榆

神代水曲柳

中硬质阔叶树材

蒙古栎

壳斗科栎属（环）

拉丁学名：*Quercus crispula*

树名	蒙古栎		
分类	壳斗科栎属（环）	锯加工性	容易
心材颜色	浅银褐色	刨加工性	容易
边材颜色	浅灰白色	耐腐蚀性	弱
心材和边材的边界	清晰	耐磨性	强
斑纹图案	清晰、虎斑	胶接性	良好
硬度状况	硬	干燥加工性	较困难

【分布】蒙古栎生长于日本全境的山区，至东北亚均有广泛分布。采伐时喷出大量的水，所以别名水栎，也称作栎。
特别优质的良材生长地区在日本北部。蒙古栎分布地域南至九州高隈山。

容易受有害菌侵害的贵重木材

　　小叶青冈和蒙古栎的导管孔内存在侵填体构造，用其制作的威士忌等的酿造桶也不会渗漏。

　　蒙古栎的最大缺点是容易受腐蚀菌侵害而变成褐色。成木状态下，生长越大越容易受到变色菌侵害，闪亮、呈白色的健康良材是极其珍贵的木材，变色材则呈红色。健康、未变色的圆木为粉色（切口颜色），基本看不到茶褐色。

　　树皮轻薄柔软的蒙古栎是优质木材，木纹美观，边材极其薄，切口呈粉色，锯材加工后呈现光彩熠熠的木纹。其中，还有称为"银点"的珍贵木材。蒙古栎的年轮宽度达到1mm左右时材质趋于稳定，木纹也精美。

　　纤细的木纹为糠纹，切削加工等会使木纹跳跃，影响美观。

　　蒙古栎生长缓慢，是一种难以通过种植实现资源更新的木材。

人工干燥提升价值

　　蒙古栎导入人工干燥技术之后（20世纪以后）才被认可为木材，并且用途得以扩展。在此之前，由于处理过程烦琐且用途仅限于当作薪炭用材，不被重视。说起阔叶树锯材，北海道是主产区，其中蒙古栎可以算作最为重要的木材之一，而且是北海道蓄积量最多的树种。出口的英寸木材（见第75页）中，"coffin board"（棺材板）是欧美国家最高级的棺木用材，直木纹精美。

蒙古栎的直木纹中呈现的髓线花纹，称作"虎斑"。虎斑也是养分储藏部位，从树芯开始放射状展开。稍显错落的直木纹，使虎斑更加精美。

用途广泛，人气不减

蒙古栎是用途广泛的树种，主要用途就是制造众所周知的威士忌酿造桶。蒙古栎的香气和鞣酸融入原酒中，酝酿出醇厚的美味。从导管孔进入的空气也是酿造威士忌不可或缺的要素，并且在侵填体的作用下，液体不会从酒桶中渗漏出来。纺织设备中，使梭子移动的摇柄只使用蒙古栎木材制作。梭子也适合选用具有最佳反弹力的蒙古栎木材制作。

蒙古栎木材制作的靠背椅。椅腿展开更稳定，纤细的靠背心轴更显时尚。

蒙古栎木材的饰面板也经常用于大厦的内装，其需求量经久不衰。其木材也多用于制作家具的面板或门。接待室中放置的桌椅，蒙古栎材质的最佳。用于制作家具的木材的需求量也不小，手工家具爱好者就很喜欢这种木材，使用的人也不少。此外，学校的学生桌在很长一段时间内也指定使用蒙古栎木材制作，其需求量一度达到顶峰。逐步面临资源枯竭的当今，学生桌也不得不使用合成木材。

防虫害处理是关键

蒙古栎极容易附着变色菌，木材中长出蛀虫，可能会被误认为是变色。锯材加工之后，为了使树汁蒸发更加旺盛、木材面迅速干燥，需要立即将表面附着的木屑清除。

蒙古栎和柳安一样，导管孔与褐粉蠹的卵管大小相当，褐粉蠹产卵之后木材被幼虫侵蚀，出现虫眼。天然干燥过程中褐粉蠹产卵较多，所以需要实施人工干燥，经过加热杀虫之后使用，并仔细涂布密封剂，避免导管孔露出。

壳斗科栎属中，有栎树、槲树等。栎树是武藏野森林中的代表性阔叶树，直木材可用于制作日式木舟的橹杆。柏年糕中使用的树叶就是槲树叶。为了避免虫害，槲树需要特殊栽培。但是，槲树木材用作锯材的例子并不多见。北海道广大区域的槲树也会生长得较粗，但是冻裂会导致木纹重叠，即使圆木状态良好，也无法加工成锯材。这种圆木经过锯切加工之后变成粉状，无法成板。

【蒙古栎的英寸木材和家具用材】

栎属树木中，材质优良的蒙古栎随着西洋文化的传入，被用作家具木材。在此之前，这种木材顶多用作烧柴。随着锯材机械的普及，材质硬的蒙古栎逐渐成为利用价值高的木材，用途变得更加广泛。欧美也认识到了蒙古栎的优良品质，大量进口产自日本的蒙古栎，这成为日本获取外汇的渠道之一。北海道的锯材业者将特定规格的锯材品称作英寸木材，其中大半是栎木。

圆齿水青冈

壳斗科水青冈属（散）

拉丁学名：*Fagus crenata*

树名	圆齿水青冈		
分类	壳斗科水青冈属（散）	锯加工性	容易
心材颜色	乳白色（深褐色伪心）	刨加工性	容易
边材颜色	白色	耐腐蚀性	弱
心材和边材的边界	不清晰	耐磨性	强
斑纹图案	清晰	胶接性	良好
硬度状况	硬	干燥加工性	困难

【分布】圆齿水青冈分布地区北至北海道，南至鹿儿岛县高隈山，喜在山岳地带群生，种植困难。秋田县白神山的圆齿水青冈林是著名的保护林。

白神山的圆齿水青冈纯原生林。作为自然遗产，禁止采伐。

同种树的红白之分

圆齿水青冈分为白水青冈和红水青冈。其树种相同，木材颜色却明显区分为白色和浅红褐色。日本太平洋沿岸的水青冈大多是小型的红水青冈，刚锯材加工之后的木材面即使是白色的也会变成红色。田泽湖周边、白神山周边生长着优质木材。红水青冈即使是白色木材面也会带有灰色，不美观且容易变形，应避免用作家具木材。据说，密度的局部差异是导致变形的原因。

根据学术研究，圆齿水青冈的心材部分并不存在，但是，与华东椴、枫树、日本七叶树等一样，存在伪心部分。可能由于空气从受伤部位进入树内，导致其含水量降低，由此开始逐渐变化，使木材异常着色，从而形成伪心。生长速度快则伪心面积小，立即处理的话，木材可成为精美的白色或褐色。这类树木属于白水青冈，适合用作家具木材，且弯曲加工容易，可制作成整形胶合板，还可用于制作椅子靠背等。其具备可大量采伐、集合的优点，可用于制作供出口的桌椅、柜子等家具。此外，20世纪50年代后的日本，这种材料由于在被物品钉入后具有良好的紧固恢复力，而被制作成内部铺设着镀银铁板的茶箱，用于茶叶的出口。

秋田县、新潟县、北海道的渡岛半岛可采伐较多优质的白水青冈。

圆齿水青冈边材至心材的水分并不是均匀减少的，而是不均匀分布的。因此，干燥处理并不能流水操作，需要相当丰富的经验。同时，不仅霉菌从边材部分侵入，心材也会被长喙壳、鱼鳞云杉青变菌等快速侵入，腐蚀菌也随之进入，立即开始腐蚀。但是，充分干燥后的圆齿水青冈木材具备相当好的耐久性。

树名	美国水青冈		
分类	壳斗科水青冈属（散）	锯加工性	容易
心材颜色	乳白色(深褐色伪心)	刨加工性	容易
边材颜色	白色	耐腐蚀性	弱
心材和边材的边界	不清晰	耐磨性	强
斑纹图案	清晰	胶接性	良好
硬度状况	硬	干燥加工性	困难

【分布】美国水青冈原产自北美，生长于加拿大和美国东部 1/3 的地区。美国大西洋沿岸、中部产出丰富。

美国水青冈 beech American

壳斗科水青冈属（散）

拉丁学名：*Fagus grandifolia*

黏性材质，具有广泛的利用价值

材质与日本的圆齿水青冈基本无异，但整体颜色均匀。

边材基本呈白色，逐渐延伸至深褐色的伪心，两者（边材和心材）的边界并不清晰。木纹均匀，木材致密且裂口少。木质硬，耐冲击性优越。通过水蒸气加热可轻易实现弯曲加工。此木材具有收缩性，干燥时需要注意。干燥后的木材比较稳定，可用于制作家具、地板、积木或木马等木制玩具。

木材有黏性，利用此特性可广泛用于制作椅子腿等。

美国水青冈的强黏性使其适合用于制作木马等玩具。

日本栗

壳斗科栗属（环）

拉丁学名：*Castanea crenata*

树名	日本栗		
分类	壳斗科栗属（环）	锯加工性	容易
心材颜色	褐色	刨加工性	较困难
边材颜色	灰白色	耐腐蚀性	强
心材和边材的边界	清晰	耐磨性	强
斑纹图案	不清晰	胶接性	良好
硬度状况	硬	干燥加工性	较困难

【分布】日本栗分布于北海道南部的石狩和日高的南部。

日本栗木材耐虫害及腐蚀，在没有防虫及防腐处理的时代
作为房屋的地基备受重用，长直材总是稀缺。

历史悠久的树种

日本栗从很遥远的古代就被人们所熟知。日本青森县的三内丸山遗迹中，发现了直径达 1m 的日本栗木材的柱子。

耐久性和耐水性强，古代已被制作成房屋的地基。此外，在用混凝土制作枕木之前，较多使用日本栗制作枕木。

兵库县的丹波篠山，创造出了一种称作"名栗"的工法。名栗工法的由来要追溯到日本天保年间，居住在丹波国北桑田弓削村的匠人鹈子久兵卫最早使用了日本栗锯材。

用手斧在加工成圆棒状的日本栗表面凿出波浪形，制作而成的支柱评价颇高，看似粗暴的方法加工出了精雕细刻般的效果。可用于制作天花板棹缘、木格窗、地板支柱、栏杆、隔断等，木材粗细不等。心材使用手斧加工的话，木纹会呈现出妙趣横生的波纹状，此木材常用于独特风格的室内设计，也是营造京都祇园风情不可或缺的木材。

贝加尔湖周边生长着许多直材巨树，远远望去仿佛一群黑色骏马。

利用日本栗独特的木纹，可巧妙制作出桌板或柜台板。油漆处理后的家具呈现出清晰木纹，外观精美。

树名	齿栗		
分类	壳斗科栗属（环）	锯加工性	容易
心材颜色	浅灰色或褐色	刨加工性	容易
边材颜色	白色	耐腐蚀性	强
心材和边材的边界	清晰	耐磨性	中等
斑纹图案	不清晰	胶接性	良好
硬度状况	中硬	干燥加工性	容易

【分布】齿栗分布在美国新英格兰至佐治亚州北部的地区。

齿栗 chestnut

壳斗科栗属（环）

拉丁学名：*Castanea dentata*

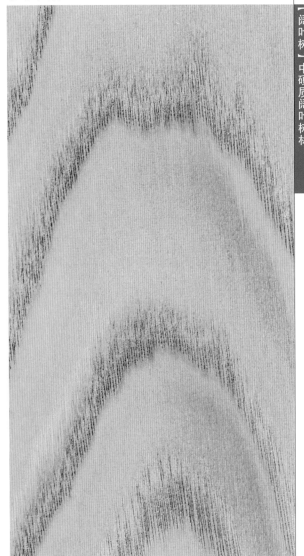

同日本栗一样纹理清晰

在北美受到凋枯病侵袭之前，齿栗广泛分布于美国新英格兰至佐治亚州北部的地区。但是，被凋枯病侵害之后，大半木材枯萎。

1920年之后的数十年间，木材的耐腐蚀性增强，得以在阿巴拉契亚山脉周边大量产出，目前需求已趋于饱和。

心材最初呈浅灰色或褐色，经过一段时间后稍稍浸入黑色。边材薄且基本呈白色，木纹稀疏，年轮清晰。

木材的硬度适中，质轻且不耐冲击，强韧不足。

加工和干燥容易。与日本栗一样，平木纹清晰，巧妙运用木纹进行涂漆，可用于制作家具、工艺品等。

产出量少，交易量也少，所以是一种难以获取的木材。

用齿栗木材制作的木凳。巧妙利用木纹进行油漆处理，形状圆润可爱。

象蜡树

木樨科梣属（环）

拉丁学名：*Fraxinus spaethiana*

树名	象蜡树		
分类	木樨科梣属（环）	锯加工性	容易
心材颜色	亮灰褐色	刨加工性	容易
边材颜色	浅黄白色	耐腐蚀性	弱
心材和边材的边界	清晰	耐磨性	强
斑纹图案	不清晰	胶接性	良好
硬度状况	硬	干燥加工性	较困难

【分布】象蜡树分布于日本栃木县西部以南的本州太平洋沿岸、四国及九州的古地质层区域。包含高崎至秩父（地名）的关东地区山脉产良材，静冈县也有蓄积，天龙川沿岸较多生长。

光彩艳丽的木材

象蜡树高约 30m，直径可达 1m 左右，可采伐较多树干长且直的木材，木材呈针叶树般的圆粗形状。生长于关东以西的水曲柳也称作象蜡树，容易混淆。木材业界将象蜡树和水曲柳同样看待。即使原本订购的是象蜡树，交货时却是水曲柳，这种情况无法退货。

木质坚硬，鬼脸纹更漂亮，年轮厚度达到 1mm 以上且木纹清晰的木材是最佳品。被天牛幼虫蚕食出虫眼的情况较多。即使是树皮表面没有虫眼的粗圆木，也经常会在木材内发现大虫洞，所以圆木挑选需要相当多的经验。象蜡树的树皮轻薄柔软，能够以此同水曲柳区分开。快速人工干燥之后，木材内部频发木纹剥离现象。

木纹光彩艳丽，主要用于西式内装设计和制作窗框、门框、书架壁面、地板等。材色较浅，给人洁净感，适合简明设计。

象蜡树的圆木。可采伐到针叶树般的长且直的木材，但产出量少。

利用象蜡树木纹制作的时钟。中央的黑色木材为黑檀木。

树名	水曲柳		
分类	木樨科梣属（环）	锯加工性	容易
心材颜色	带褐灰白色	刨加工性	容易
边材颜色	带浅黄白色	耐腐蚀性	弱
心材和边材的边界	清晰	耐磨性	强
斑纹图案	不清晰	胶接性	良好
硬度状况	硬	干燥加工性	困难

【分布】日本栃木县西部以北为水曲柳，以南为象蜡树，一分为二清晰分布。

水曲柳

木樨科梣属（环）

拉丁学名：*Fraxinus mandshurica* var. *japonica*

用途广泛的皱缩木纹环孔材

　　水曲柳在北海道的日高、十胜地区广泛种植。越向北边，水曲柳的糠纹越多。产自俄罗斯的水曲柳糠纹较多，材色光洁。中国产的水曲柳和北海道产的并无差异。

　　水曲柳的幼木材质强韧，近似白蜡。相比于象蜡树，水曲柳木材整体呈灰色，没有银色的光彩，却给人考究的印象。植物学名称是"梣"，木材业界则称之为"水曲柳"。

　　稍带鬼脸纹属于好品相。制作成锯材或刨切单板后呈现出华丽的平木纹，装饰性佳。水曲柳的糠纹过细是遭到腐蚀的表征。相反，木纹较粗的容易变形，交易时需要区分出来。糠纹附近木纹完整的木材最佳。近似北美产的白蜡，可制作船桨、曲棍球杆。用途主要是制作门框、装饰物、家具、地板、积层材，特别是可作为西式内装材或家具材。与蒙古栎一样是北海道地区的阔叶树材代表。

　　水曲柳应压部分较多，属于难以干燥管理的树种。特别是表面容易向中心轻微凹陷，干燥后切削材面时内部容易开裂。为了避免表面硬化，需要按照特殊的流程进行干燥处理。

　　水曲柳喜在湿地生长，所以也称湿地水曲柳。湿地生长的木材易通直，形成整齐的粗圆木，是制作胶合板的最佳原料。优良产地中，北海道的日高、十胜、北见等较为有名，盛产材质优良的水曲柳。目前，与日本产的水曲柳无异的中国产或俄罗斯产的水曲柳被大量采用。

水曲柳木材制作的三层抽屉。该木材用途广，是手工爱好者喜用的木材。

美国白桦 white ash，Oregon ash

木樨科梣属（环）

拉丁学名：*Fraxinus americana*

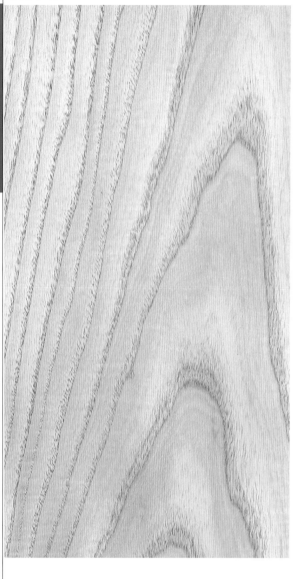

树名	美国白桦		
分类	木樨科梣属（环）	锯加工性	容易
心材颜色	带褐灰白色	刨加工性	容易
边材颜色	白色	耐腐蚀性	弱
心材和边材的边界	清晰	耐磨性	强
斑纹图案	不清晰	胶接性	良好
硬度状况	硬	干燥加工性	较困难

【分布】美国白桦在五大湖周边至大西洋沿岸的北美东部广泛分布。与美国白桦用途相似的俄勒冈桦强度稍弱，生长于美国俄勒冈州的部分地区。

可制作棒球棒、船桨等体育用品

美国白桦的主要用途是制作体育用品，比如船桨、棒球棒等。按照规定，这些体育用品中每 1cm 直木纹木材的年轮数量必须为 2~7 个，且含水率 12% 的部分密度必须达到 690kg/m³。

一般可制作胶合板、刨切单板、内饰板、家具、地板。美国白桦干燥之后非常坚韧，耐冲击。

干燥时，和日本的水曲柳一样容易向内部凹陷，颜色也会变蓝，所以需要管理经验。

材质相对较差的美国黑桦生长于北美南部，但并不具备美国白桦的高级用途，只可制作成木框或木桶。

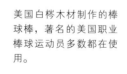

美国白桦木材制作的棒球棒，著名的美国职业棒球运动员多数都在使用。

树名	真桦		
分类	桦木科桦木属（散）	锯加工性	容易
心材颜色	艳丽的红褐色	刨加工性	容易
边材颜色	带黄白色	耐腐蚀性	弱
心材和边材的边界	清晰	耐磨性	强
斑纹图案	不清晰	胶接性	良好
硬度状况	硬	干燥加工性	较困难

【分布】真桦生长于日本本州中部以北日照条件良好、土壤肥沃的地区。能够在山林采伐后的空地或荒地中牢牢扎根，千岛群岛、北海道、日本东北均有良材产出。

真桦

桦木科桦木属（散）

拉丁学名：*Betula maximowicziana*

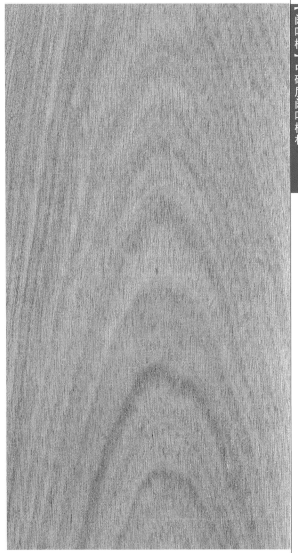

缺点少且用途广泛的良材

　　木材业界称之为"真桦"，学术上称为"鹅松明桦"。这种树的树皮呈环状剥开，容易引火，捆在一起可当作松明使用，甚至不会被雨水浇灭。

　　树高30m，直径超过1m的巨树并不罕见。纯净、高贵的圆木呈现于眼前时，仅凭感官印象便能令人叹服，所以人们也将其称作北海道的阔叶树女王。整体缺陷较少的木材，材质致密、均匀，易于锯切加工，从而使其衍生出广泛用途。

　　用于制作家具、建筑内装地板、门槛、欧式门、轨道车、船舶内装材、乐器（钢琴槌）、细密木雕用的版画台、胶合板等。弯曲加工性好，在黑白电视时代用于制作机壳，曾有过家电业界争红眼囤积这种木材的时代。昭和初期，真桦木材是替代铝材用来制造飞机外板的重要材料，特别是螺旋桨，必须使用其积层材才能发挥出高性能。制作纺织用木管时，真桦木材也是最好的材料。

纯净、高贵的圆木呈现于眼前。

岳桦

桦木科桦木属（散）

拉丁学名：*Betula ermanii*

树名	岳桦		
分类	桦木科桦木属（散）	锯加工性	容易
心材颜色	浅黄红褐色	刨加工性	容易
边材颜色	浅黄白色	耐腐蚀性	弱
心材和边材的边界	清晰	耐磨性	强
斑纹图案	不清晰	胶接性	良好
硬度状况	硬	干燥加工性	困难

【分布】岳桦分布在日本北海道、本州的高原地区。

替代日本山樱的流通木材

　　岳桦的树皮薄，剥下可书写文字，所以岳桦又叫"草纸桦"。同白桦的分布地区相差无几，在海拔 1 500m 以上且日光照条件好的山地中自生。

　　树皮呈黑色的是"斧折桦"，意为坚韧到砍伐时会折断斧子。锯材中，白桦以外的桦树木材均以"杂桦"的批次名交易。

　　作为桦树中蓄积量最多的树种，材质同真桦基本无异。但是，裂口、应压部分等过多是无法回避的缺陷。排除缺点，可加工成地板，也是制作体育馆、会场等的大面积地板的最佳原料。

　　称为"樱材"的家具材就是杂桦。品相方面，比真桦更具光泽，良材较多，适合制作成高级桌椅、装饰架、西式衣柜。生长于搬运困难的环境，是采伐成本较高的树种。边材少的锯材比得上真桦的价值。木纹恰到好处的杂桦材，可用于民俗风的家具中。

　　能够替代日本山樱作为樱材流通，却不是真正的樱材。

儿童用的小凳子。圆滑柔和的形状，再加上近似樱木的木纹，自然韵味包含其中。

加拿大黄桦

yellow birch, white birch

桦木科桦木属（散）

拉丁学名：*Betula alleghaniensis*

树名	加拿大黄桦		
分类	桦木科桦木属（散）	锯加工性	容易
心材颜色	浅黄红褐色	刨加工性	容易
边材颜色	浅黄白色	耐腐蚀性	弱
心材和边材的边界	清晰	耐磨性	强
斑纹图案	不清晰	胶接性	良好
硬度状况	硬	干燥加工性	困难

【分布】加拿大黄桦分布于北美五大湖周边以及大西洋沿岸。主要是边材被使用，材色偏白，所以也称白桦。

涂漆后光彩熠熠的装饰材

加拿大黄桦的主要用途是制作胶合板。清漆处理后木纹更是灵动，被用作家具装饰材。可用于制作门心板、内装材料、轻型飞机。单板可用于制作冰淇淋木勺、牙签、压舌棒（一次性医用）。此外，还可制作纺线卷绕工具的手柄、玩具等。具有耐冲击性，工具的木柄也可使用这种材料制作。

日本樱桃桦

桦木科桦木属（散）

拉丁学名：*Betula grossa*

树名	日本樱桃桦		
分类	桦木科桦木属（散）	锯加工性	容易
心材颜色	浅黄红褐色	刨加工性	容易
边材颜色	浅黄白色	耐腐蚀性	弱
心材和边材的边界	清晰	耐磨性	强
斑纹图案	不清晰	胶接性	良好
硬度状况	黏、硬	干燥加工性	困难

【分布】其他大部分桦树属于北方树，日本樱桃桦则属于南方树，主要生长于日本关西以西。分布于岩手县南部以西，但房总半岛和伊豆半岛并未发现其踪迹。此外，东北地区的日本海侧也有极少量分布，信州、长野的高山地区（河流沿岸）倒是常见。分布地区南至九州宫崎的高隈山周边。

气味浓烈、木纹致密

树皮受伤后渗出水状的树油，称为"水纹"。日本樱桃桦的树皮呈环形条纹状（同山樱）。小枝折断时散发出浓烈气味，好似膏药。此外，这种树还称作"梓"，"梓弓"就是这种木材制作的强弓。

大径木制作的锯材，可制作座板、柜台板等。其致密、优美的木纹，在地板、漆器、小家具、雕刻物中也能发挥作用。

产量少，市场中并不常见。

白桦

桦木科桦木属（散）

拉丁学名：*Betula platyphylla* var. *japonica*

树名	白桦		
分类	桦木科桦木属（散）	锯加工性	较困难
心材颜色	浅黄白色	刨加工性	容易
边材颜色	浅黄白色	耐腐蚀性	弱
心材和边材的边界	不清晰	耐磨性	弱
斑纹图案	不清晰	胶接性	良好
硬度状况	中等	干燥加工性	较困难

【分布】白桦广泛分布于朝鲜、中国、西伯利亚等国家和地区，在日本的本州中部和北海道地区群生，日本海侧几乎没有，宫城县、山形县未曾发现。（北美的 white birch 为加拿大黄桦，并不是白桦。）

评价极高的高原风景树

白桦的寿命短，基本难以超过 80 年。树高 20m，直径 70~80cm。相比木材的经济价值，其较高的鉴赏价值更为人熟知。

心材部分较少，木材基本由边材构成。白桦的独特细胞集合成块状斑点，这种不正常组织在木材中随处可见。作为锯材使用的情况不多，通常以圆木形态用作山林小屋风格建筑的内装材料、船底顶板的压条。圆木状态使用时，树皮在干燥之后容易剥离，需要使用黏合剂或涂料等固定。可将其切出一段，制作成砧板或花台。木材的大半是边材，腐蚀快，容易变形，不适合作为家具材，材色也不鲜艳。此外，也可制作成碎料板。

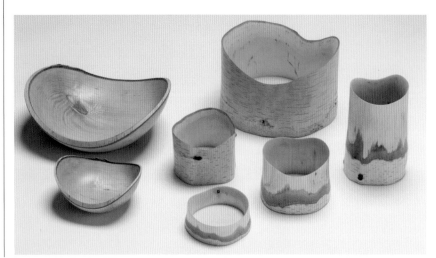

保留树皮原状制作而成的木器。白桦木材可用来制作润滑质感的手工作品。

树名	铁木		
分类	桦木科铁木属（散）	锯加工性	较困难
心材颜色	红褐色	刨加工性	较困难
边材颜色	带褐白色	耐腐蚀性	强
心材和边材的边界	清晰	耐磨性	强
斑纹图案	不清晰	胶接性	良好
硬度状况	硬	干燥加工性	困难

【分布】铁木在日本北海道南部至雾岛山的广大地区自然生长。特别是北海道的日高、胆振地区出产粗大的良材。

铁木

桦木科铁木属（散）

拉丁学名：*Ostrya japonica*

钉子难以脱落的特别材质

　　铁木的主要用途是制作制鞋用的木模。即便重复多次钉入木模的过程，钉子也难以脱落。材色比真桦稍黑，以"樱材"为名作为家居材流通。

　　材质稳定，比岳桦更适合用作家居材。还能制作体育用品，也是制作船缘的优质材料，在地板中使用也广受好评。

　　在难以人工干燥管理的桦树类中属于干燥尤其困难的品种。近年来产出量减少，是市场中不多见的木材。

北海道日高及胆振地区出产铁木的良材。

日本桤木

桦木科桤木属（散）

拉丁学名：*Alnus japonica*

树名	日本桤木		
分类	桦木科桤木属（散）	锯加工性	容易
心材颜色	浅红褐色	刨加工性	容易
边材颜色	灰浅褐色	耐腐蚀性	弱
心材和边材的边界	清晰	耐磨性	弱
斑纹图案	不清晰	胶接性	良好
硬度状况	中等	干燥加工性	中等

【分布】日本桤木分布于日本北海道至九州地区，中国和亚洲东北部也有分布。

农村风景中常见的"架稻树"

　　日本桤木是很久以前便用于制作染料的植物，桤木之名也广为人知。

　　心材呈浅红褐色，采伐后接触空气，随即带上橙色。材质从中硬至软可任选，通常小径木较多，且蓄积量少，是市场中不多见的木材。近似毛赤杨，但材质相对稍差。

　　主要用途是制作器具，作为建筑装饰材、箱体材等，也被用于制作薪炭、碎料板、火药木炭。

这种木材在市场中少见，其产品也为数不多。图片中是用产自北海道的日本桤木制作的盘子。

树名	红桤木		
分类	桦木科桤木属（散）	锯加工性	容易
心材颜色	浅红褐色	刨加工性	良好
边材颜色	浅红色	耐腐蚀性	较弱
心材和边材的边界	不清晰	耐磨性	强
斑纹图案	不清晰	胶接性	良好
硬度状况	较硬	干燥加工性	困难

【分布】红桤木分布在北美西海岸。

红桤木 red alder

桦木科桤木属（散）

拉丁学名：*Alnus rubra*

厚重的建筑材

红桤木与日本桤木同属桦木科，前者也称俄勒冈桤。在针叶树林周围的河流、湖沼附近群生或零星分布，所以必须同周围的针叶树一起采伐、搬运。桤木树种中，唯独红桤木能够成为较大的木材。

刚采伐后的木材切口呈现非常鲜艳的红色或橙色，所以得名红桤木。采伐后随着时间的推移，颜色变成深红褐色，经过干燥和涂漆之后会显现出鲜艳的光泽。弯曲少、树干长，能获得通直且木纹整齐的木材。

干燥困难，需要处理经验。干燥之后，木材在空气中的耐腐蚀性得以提升。恰到好处的光泽和色调使其能够满足建筑内装的需求。

切削加工轻松，涂漆也容易，胶接性良好。可以制作门框、门、家具等，稳定性好。红桤木能够装饰出厚重效果，被北美地区广泛用作气派的建筑材。

装饰架中使用的红桤木。此为纯净风格的店铺装饰案例。

日本山樱

蔷薇科李属（散）

拉丁学名：*Prunus jamasakura*

树名	日本山樱		
分类	蔷薇科李属（散）	锯加工性	容易
心材颜色	红褐色	刨加工性	容易
边材颜色	灰白色	耐腐蚀性	中等
心材和边材的边界	清晰	耐磨性	强
斑纹图案	不清晰	胶接性	良好
硬度状况	黏、硬	干燥加工性	较困难

【分布】樱树的种类很多。就像"樱前线"等耳熟能详的热词描述的一样，日本山樱在日本广泛分布。

日本山樱材质的木碗。宽材价格高，且难以获取。木碗等小器具，能够以可接受的价格购得。

种类丰富的日本象征树

山樱最适合用作锯材。山樱中一种称作"白山樱"的开小白花的树种属于南方种，多生长于宫城—新潟线以南。开浅红色花的树种"大山樱"则属于北方种，多生长于本州以北。

此外，另一种开花期较迟的"霞樱"开出的是纯白花，多自然生长于深山中。染井吉野自江户时代就作为观赏用树种种植，并不适合作为有价值的木材使用。

山樱的材质黏、无脆性，锯切加工容易，具有加工表面精美的性质。利用其特性，能够用于制作版画的台木。江户时代的浮世绘、书籍印刷用版木，基本都是山樱木制作的。

可制作木管乐器、萨摩琵琶、钢琴、小提琴、三味线等乐器，也可制作算盘珠、漆器、沙拉碗、刷子柄、相框、盐田器具、三角尺等。家具中，山樱材质的衣柜是高档品的标签，其外观精美绝伦。罕见的皱缩木纹木材是制作面板、柜台的珍贵木材，目前可用与山樱极其相似的桦木替代。此外，山樱还可作为紫檀的替代品。现在，山樱材在市场中已难以看到，大多用桦木材替代。原本，樱木材是指山樱（真樱）材，桦木材是替代品，但是近年来，桦木材的独立价值得以确立。

树名	库页稠李		
分类	蔷薇科李属（散）	锯加工性	容易
心材颜色	红褐色	刨加工性	容易
边材颜色	浅灰白色	耐腐蚀性	弱
心材和边材的边界	清晰	耐磨性	强
斑纹图案	不清晰	胶接性	良好
硬度状况	硬	干燥加工性	较困难

【分布】野生库页稠李分布在日本隐岐岛到北海道之间，是一种在中国东北部分地区也有分布的北方树种。北海道日高地区盛产优质库页稠李木材。

库页稠李

蔷薇科李属（散）

拉丁学名：*Prunus ssiori*

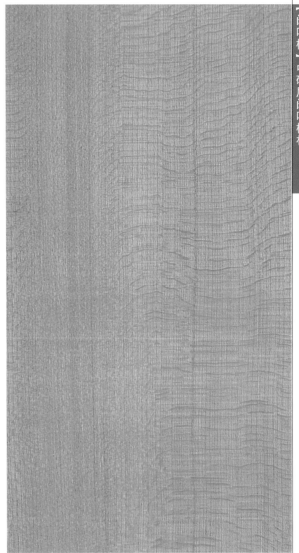

不翘棱的最佳家具木材

用库页稠李木材制作的家具与樱桃木家具不同，其深色心材为物品带来了浓郁的日本风格。

库页稠李的材质与真桦相似，有着深红色的笔直木纹，是一种材质稳定的木材。曾经作为制图用丁字尺的原材料而闻名，但是现在一般用代用木材压实后制作丁字尺。库页稠李木材常用于制作尺规类工具，如木工用大型三角尺，其木材不易翘棱。用作家具木材时，木纹笔直的库页稠李很受欢迎。该木材的性质比岳桦还要好，与美国产的黑樱桃木非常相似。加工时不会产生翘棱，因此被奉为最适合制作家具的木材。因为难以批量生产，所以购买难度较大，是供不应求的木材之一。

图中的桌子是用北海道产的库页稠李木材制作的玄关桌。为了充分展示顺直的库页稠李木纹，可刷上清漆。这是一件充满女性风格的柔美作品。（家居工房JP-STYLE）

黑樱桃 black cherry

蔷薇科李属（散）

拉丁学名：*Prunus serotina*

树名	黑樱桃		
分类	蔷薇科李属（散）	锯加工性	容易
心材颜色	暗红褐色	刨加工性	容易
边材颜色	浅黄白色	耐腐蚀性	强
心材和边材的边界	清晰	耐磨性	强
斑纹图案	不清晰	胶接性	良好
硬度状况	硬	干燥加工性	困难

【分布】黑樱桃分布在加拿大大西洋沿岸到哥伦比亚北部的地区。

广受欢迎的家具木材

　　樱桃木的正式树名是黑樱桃，此外还有美国樱桃、野黑樱等别名，因其果实比日本的樱桃色泽更加红黑而闻名。与日本山樱属于同一树种。原生林木材的边材较薄，次生林木材的边材较厚。

　　其用途除了作为胶合板原料之外，作为家具木材，适用于制作很多物品。特别是其装饰胶合板用于制作家具和内装材时，非常受欢迎。

　　黑樱桃木经干燥加工后，材质变得稳定而坚固，常用于制作棺木。北美中部大西洋沿岸地区盛产黑樱桃木材加工品。其材质与日本的岳桦相似，颜色与库页稠李相似。

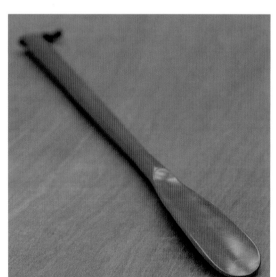

黑樱桃木有黏性，常用于制作鞋拔子等。

树名	梅		
分类	蔷薇科李属（散）	锯加工性	容易
心材颜色	褐色	刨加工性	容易
边材颜色	灰白色	耐腐蚀性	弱
心材和边材的边界	清晰	耐磨性	强
斑纹图案	不清晰	胶接性	良好
硬度状况	黏、硬	干燥加工性	较困难

【分布】人工种植的梅在日本全国均有分布。野生梅分布在九州。

梅

蔷薇科李属（散）

拉丁学名：*Prunus mume*

与制成木料相比，用于园艺栽培更受欢迎

梅作为木料使用时，主要用于制作念珠和算盘珠。材质坚硬而富有光泽，加工性良好。一般来说，开花结果后的梅木材可能会空洞化，所以梅不能生长得太粗，至多只能长到能制成木梳的程度。

作为庭院树木等的园艺树种有：白加贺、见惊、瀑布枝垂、莺宿、道知边、八重寒红、玉垣枝垂、埘出之鹰、古金烂、浪花红、白浪花、月桂、内里、伊人所思、大杯、红千鸟、东云。日本关东地区常见白加贺、伊人所思。白加贺可采摘梅干。

"折樱者痴，不折梅者傻"，这句日本谚语的意思是，樱树枝断处会很快腐烂，而梅枝折断后却能在原处发出新芽，结出果实。

梅极少作为木料使用，但是也有例外，如用于装饰（制作格窗或装饰板等），或者做成小广告牌等。

图为用折的一段梅枝做成的筷子架。利用伸展的小枝杈，筷子能稳定地置于桌上。

秋子梨 pear

蔷薇科梨属（散）

拉丁学名：*Pyrus communis*

树名	秋子梨		
分类	蔷薇科梨属（散）	锯加工性	容易
心材颜色	肤色至浅桃色	刨加工性	容易
边材颜色	浅肤色	耐腐蚀性	强
心材和边材的边界	较不清晰	耐磨性	强
斑纹图案	不清晰	胶接性	良好
硬度状况	硬	干燥加工性	容易

【分布】秋子梨原产于南欧和西亚。欧洲全境均有分布。

色调沉静、质感滑润的木材

秋子梨属于梨树，但是果肉粗糙，是从果实不宜食用的树种中派生而来的。可生长至树高 15~20m，直径近 60cm，能得到比较长的木料。日本多进口瑞士出产的秋子梨木材。

因为该木材的干燥需花费较长时间，且木纹不规则，所以应注意预防木材翘曲或扭曲。

结了果的秋子梨的木材一般用于制作八孔竖笛等管乐器。

因为该木材加工后质感滑润，所以常用于制作工艺品、家具、镶嵌用材、内装用刨切单板、装饰胶合板等。

美洲朴 hackberry

榆科朴属

拉丁学名：*Celtis occidentalis*

树名	美洲朴		
分类	榆科朴属	锯加工性	容易
心材颜色	黄色、红色、浅黄褐色	刨加工性	容易
边材颜色	灰白色	耐腐蚀性	强
心材和边材的边界	清晰	耐磨性	强
斑纹图案	较清晰	胶接性	良好
硬度状况	硬	干燥加工性	较困难

【分布】美洲朴广泛分布在北美大草原地区及美国中东部地区。

极少形变的木材

美洲朴和糖朴作为木材交易时统称美洲朴。美洲朴干燥后产生较大程度的收缩，然而很少形变。

美洲朴主要用于制作加工木材，也常用于建筑中。家具中很少使用。一般加工成胶合板用于内部装修。

美洲朴和日本的朴树为同种，但是与日本的朴树相比，美洲朴木材的颜色略带黑色。

树名	黑榆		
分类	榆科榆属（环）	锯加工性	容易
心材颜色	暗红褐色	刨加工性	容易
边材颜色	浅灰白色	耐腐蚀性	强
心材和边材的边界	清晰	耐磨性	弱
斑纹图案	纤细美丽	胶接性	良好
硬度状况	硬、抗裂性强	干燥加工性	困难

【分布】基本上日本全国均有黑榆分布。特别是北海道盛产大径圆木，黑榆在北海道的阔叶树中属于产量较大的种类。日本东北地区的山岳的溪流沿岸也能见到粗大的黑榆。日本中北部为盛产优质黑榆木材的地区。

黑榆

榆科榆属（环）

拉丁学名：*Ulmus davidiana*

适合制作臼、鼓的中间部分，是抗裂性强的木材

榆树包括黑榆和椰榆，但是一般称榆树时指的是黑榆。椰榆的树皮比木材本身更有名，其强韧的纤维可用于制作阿伊努族的民族服装（厚司）或绳索等。但是椰榆的木材极易翘曲，所以不受欢迎。

黑榆材质一般，抗裂性较强且具有黏性，木材表面粗糙且暗淡无光，木纹类似水曲柳染红并失去油性后的木纹，因此又名红水曲柳。可以使用罕见的有树瘤的黑榆木材，充分利用其瘤杢，制作桌子等家具。

黑榆的直木纹木材可呈现出纤细美丽的年轮。与直木纹垂直的方向会出现细致的斑状图案，这是黑榆独特的花纹，其木材常用于装饰小型梳妆台。因其木材抗裂性强，所以适合制作臼、鼓等的中间部分。切削性良好，易于加工成锥状物。日本东北地区常用黑榆木材雕刻佛像。但是黑榆也有易冻裂、易呈现粗短的南瓜状等缺点，黑榆的圆木虽然平均直径较大，但是难以采伐到粗大的木料。

高 30m、直径 1.2m 左右的粗大黑榆不在少数，可以做成胶合板。制作单一材质的实木时，因其木材自然顺直，所以只要想办法弥补其光泽暗淡的缺点，就能使其成为有适当强度的有趣的素材。在 20 世纪四五十年代的日本，制作学生桌的指定木材有枹、水曲柳、山毛榉等，却漏掉了黑榆，导致某一时期黑榆一度供大于求，价格明显偏低。作为家具木材，黑榆可以作为水曲柳的代用木材或者用来仿制榉树木材等。

黑榆的小树枝密密麻麻地集中在一个部位，使该部位膨胀并不断生长，进而长出树瘤，产生漂亮的"黑榆瘤"木纹，这种木材极其珍贵。黑榆属于难以干燥加工的树种。因为黑榆木材中间部分容易开裂，所以在干燥的前期和后期需要放慢速度，进行微妙的调节。

黑榆木制作的椅子。工作室艺术家中使用黑榆木者极少。黑榆常为大径圆木，所以也可以用于制作桌椅。

胡桃楸

胡桃科胡桃属（散）

拉丁学名：*Juglans mandshurica*

树名	胡桃楸		
分类	胡桃科胡桃属（散）	锯加工性	容易
心材颜色	暗红褐色	刨加工性	容易
边材颜色	灰白色	耐腐蚀性	强
心材和边材的边界	清晰	耐磨性	强
斑纹图案	不清晰	胶接性	良好
硬度状况	中等、黏	干燥加工性	较困难

【分布】从北海道到屋久岛，日本全国均有胡桃楸分布。在俄罗斯、中国也有分布。

富有韧性、加工性良好的木材

日本没有大量出产胡桃楸的地区，但是北海道多出产优质胡桃楸木材。胡桃楸的生长地点多为沼泽地区的溪流沿岸。

胡桃楸的果实外壳褶皱较多，像鬼脸，因此胡桃楸的别名与鬼相关，称为鬼胡桃。

胡桃楸的果肉含50%的油脂、30%的蛋白质，具有非常高的营养价值，所以作为重要的食品原料非常受欢迎。胡桃楸的种子表面比较平滑，所以常用于制作料理和点心。

一般说到"胡桃"，指的就是胡桃楸。虽然也有水胡桃这一树种，但是水胡桃的材质与胡桃楸又像又不像，属于软质木材。胡桃楸的材质非常富有韧性，硬度不大，加工性良好。因制作枪座这一用途而闻名。因为具有难以钉入钉子的性质，所以限制了其用途。

胡桃楸与北美的黑胡桃属于同种，但日本的胡桃楸材质稍微软一些。据说在胡桃楸的树干上钉上铁器，会使木材颜色变深，因此它和铁树一样被称为食铁木。胡桃楸木材很少产生翘棱，具有吸油性，如果经常用油擦拭，会产生美丽的光泽。

胡桃楸独特的手感使其成为优秀的家具木材。在工作室艺术家的作品中，经常可以见到用胡桃楸木材制作的家具。

树龄短的胡桃楸的木材在切削加工时，纤维会被强行拉起，产生筋状小沟，这是刀刃不够锋利而纤维太坚韧导致的。这部分木材会产生缺陷，木材加工后也会产生毛刺。树龄短的胡桃楸的木材呈现较明显的粉色，真正的胡桃楸的木材颜色只有相当老的木材才能呈现出来。其小面积的木板一般用作抽屉的侧板等。

使用胡桃楸的实木板制作的床头柜。
胡桃楸和黑胡桃是备受工作室艺术家们青睐的木材。

树名	黑胡桃		
分类	胡桃科胡桃属（散）	锯加工性	容易
心材颜色	浅紫褐色	刨加工性	容易
边材颜色	灰白色	耐腐蚀性	强
心材和边材的边界	清晰	耐磨性	强
斑纹图案	不清晰	胶接性	良好
硬度状况	黏、硬	干燥加工性	容易

【分布】黑胡桃分布在北美大平原地带，大部分木材储存在美国中部地区。

黑胡桃 black walnut

胡桃科胡桃属（散）

拉丁学名：*Juglans nigra*

世界三大珍贵木材之一，最高级家具木材

黑胡桃的木材颜色是著名的胡桃色，不需着色即可自然呈现这种颜色。有名的用途是制作枪托。在美国西部开发的时代，铺设铁道时用黑胡桃木制作临时电线杆。据说将铁钉入黑胡桃树，会使木材颜色变深，因此人们常将铁钉或子弹等钉入木材。加工木材时，经常可以从木材中发现铁制物体，有损伤锯刃的危险。

黑胡桃易于加工，耐冲击性和耐磨性强，干燥后材质强韧。因为有着美丽的木纹，所以建议本色加工。以黑胡桃为原材料制作的家具、工艺品、内装用装饰胶合板等备受关注，获得了最高的评价。柚木、大叶桃花心木、黑胡桃木被称为世界三大珍贵木材。

用黑胡桃木制作的门廊墙壁的表层饰板。

函滋胡桃 claro walnut

胡桃科胡桃属（散）

拉丁学名：*Juglans hindsii*

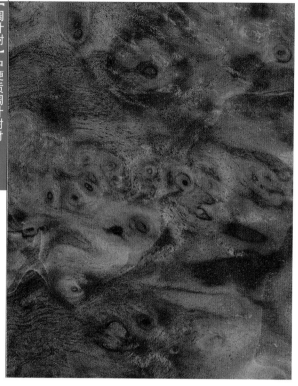

树名	函滋胡桃		
分类	胡桃科胡桃属（散）	锯加工性	容易，难以切片
心材颜色	暗褐色	刨加工性	困难
边材颜色	浅黄褐色	耐腐蚀性	强
心材和边材的边界	清晰	耐磨性	强
斑纹图案	不清晰	胶接性	良好
硬度状况	较硬	干燥加工性	困难

【分布】函滋胡桃分布在美国太平洋沿岸地区。

用于制作刨切单板的独特花纹木材

　　函滋胡桃的树干和根部会长出巨大的树瘤。因其形状变化多端，所以很难作为加工木材使用，但是加工成刨切单板后，以装饰胶合板的形式加以利用就容易多了。

　　因为树瘤容易出现细小的裂缝或扭曲，所以木材难以干燥。如果该木材经过充分干燥，将会非常好用。

　　瘤杢是一种美丽的花纹，其木材可以制作装饰胶合板，作为高级内装材、家具材，刨切单板可以制作汽车仪表板、工艺品、装饰品、钓具、八音盒、化妆箱的表面材料等。因其具有较好的装饰性，所以用途很多。

毛山核桃 hickory

胡桃科山核桃属（散）

拉丁学名：*Carya tomentosa*

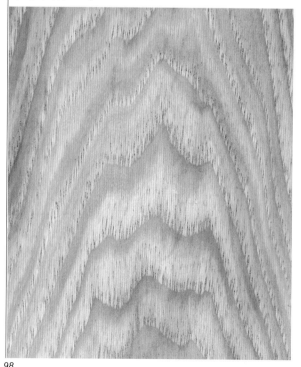

树名	毛山核桃		
分类	胡桃科山核桃属（散）	锯加工性	容易
心材颜色	浅红褐色	刨加工性	容易
边材颜色	白色	耐腐蚀性	强
心材和边材的边界	清晰	耐磨性	强
斑纹图案	不清晰	胶接性	良好
硬度状况	硬	干燥加工性	困难

【分布】毛山核桃分布在美国中部到东南部土壤肥沃的峡谷中。

材质强韧

　　毛山核桃分为小糙皮山核桃、光滑山核桃等种类。具有代表性的是小糙皮山核桃，"小糙皮"意思是"有沟壑的皮"，是指其树皮的样子。

　　毛山核桃材质强韧，可用于制作刨切单板，但是现在人工树脂已经成为主流。此外，毛山核桃多用于制作台球的球杆、击鼓的棒槌等。

　　毛山核桃是制作工具手柄必不可少的材料，它可以较好地吸收冲击力。其他用途还有制作梯子、暗榫农具等，低等木材可用作调色板等的包装材料，其木屑可作为熏制肉类的燃料。

树名	糖槭		
分类	槭树科槭属（散）	锯加工性	容易
心材颜色	带黄灰白色(红褐色伪心)	刨加工性	较困难
边材颜色	灰白色	耐腐蚀性	弱
心材和边材的边界	不清晰	耐磨性	强
斑纹图案	不清晰	胶接性	良好
硬度状况	硬	干燥加工性	困难

【分布】糖槭分布在北美五大湖周边地区。

糖槭 hard maple，sugar maple

槭树科槭属（散）

拉丁学名：*Acer saccharum*

用于制作保龄球场的木板道而名声大噪的木材

加拿大将糖槭叶子的图案作为国旗图案。这种树和日本的槭树是同种。割开它的树皮，流出的汁液可以制成槭糖浆，是烤松糕的必备调料。

糖槭可以长到树高 40m、直径 1m 左右，边材和心材的边界不清晰。和日本的枫树一样，边材有非常大的利用价值。心材中的伪心部分具有非常高的硬度和黏度，加工困难，非常耐用。材质又重又硬，因此干燥后收缩程度较大。通常为通直的木纹，其中如果出现波状木纹（被称为小提琴木纹），该木材通常用于制作乐器。

因木材用于制作保龄球场的木板道（滑道），糖槭的知名度大大提高。以前，糖槭的主要用途是制作舞厅的地板，因出现保龄球热，糖槭木制作的地板开始大量生产。

糖槭木材仅用于制作木板道中释放保龄球的部分和球瓶台部分，保龄球的通过部分使用黄松木制作。糖槭的其他用途还有，制作砧板、台球的球杆、用具的手柄、纺织用卷线轴、钢琴的机械部分等，还可以加工成胶合板，用途非常多。木纹美观的糖槭木材可以加工成刨切单板，作为装饰胶合板用于室内装修，非常受欢迎。

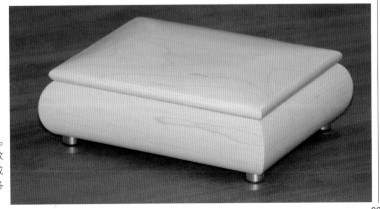

用糖槭木材制成的八音盒。和日本的槭树一样，木纹美观的木材制作成饰品或装饰胶合板，用于各种各样的室内装修，广受欢迎。

色木槭

槭树科槭属（散）

拉丁学名：*Acer mono*

树名	色木槭		
分类	槭树科槭属（散）	锯加工性	困难
心材颜色	浅黄色、浅粉色、乳白色（暗褐色伪心）	刨加工性	困难
边材颜色	浅黄色、乳白色	耐腐蚀性	弱
心材和边材的边界	不清晰	耐磨性	强
斑纹图案	较不清晰	胶接性	良好
硬度状况	硬	干燥加工性	困难

【分布】日本全境均有色木槭生长，有数个种类，各自集中分布于某个区域，没有广泛分布在全国的种类。北海道和日本东北北部是色木槭优质木材的产地。

呈现皱缩木纹和波状木纹的珍贵木材

色木槭在植物学上属于槭树科，木材名为色木。

槭树有 200 种以上，色木槭和黑皮槭是木材比较实用的品种，基本分布在同一地区。槭树的叶形像青蛙的"手"，因此槭树在某些国家又名"青蛙手"。

槭属中有一种名叫日光白枫的树种，据说其树皮经过煎煮，可有效治疗眼病，所以它又称"眼药树"，这种树的叶形和其他的枫叶有所不同。

色木槭可生长至树高 20m、直径 1m 左右，木纹顺直，木材可用于制作口琴，所以非常珍贵。色木槭木材也是制作钢琴等乐器的机械部分不可或缺的材料。优良色木槭木材的产地为北海道和日本东北北部，储量仅次于榉树、桦树、枹，属于储量较大的树种。

呈现皱缩木纹和波状木纹的木材可用于制作小提琴

图为信天翁平衡鸟，鸟翅膀由色木槭木材制成。用绝妙的平衡原理，让飞入室内的鸟儿依然如在天空中一般摇曳起舞，这是一款优秀的室内装饰作品。（作者：早见贤二）

的内板。加拿大产的槭树也是同一种类，用于制作保龄球场的地板和球瓶。其他用途还有，利用其材质较硬、耐磨的特点，制作一整块的滑雪板。北海道还用色木槭木材制作马橇。另外，还广泛用于制作工具的手柄、地板、家具等。色木槭心材和边材之间的边界并不清晰，金筋（由矿物质在树木内堆积而成）和夹皮比较多，加工时需注意。

槭树的金筋用刀具根本无法取出，必须事先用凿子除去。槭树木材用旋床加工后刷上漆制成的圆形漆器，是石川县山中温泉的有名物产，被称为"板木物"。

信州市和秩父市出产花纹奇特的色木槭木材，可加工成玄关上框、壁龛框、壁龛支柱等。鸡爪枫虽然属于槭属，但是并不列为鉴赏用树木。鸡爪枫的树叶上豁口数目不定，从一到六均有，所以在某些国家被称为"一二三枫树"。鸡爪枫的英文名叫作 Japanese maple（日本枫树）。糖槭可以榨取槭糖浆，色木槭也可以生产槭糖浆。

槭树有 200 种以上，其中木材实用的树种有色木槭和黑皮槭。图中为色木槭。

色木槭的木料也非常受欢迎。北海道和日本东北北部出产优质色木槭木材。

槭属的日光白枫，据说其树皮经过煎煮，可有效治疗眼病，所以它又称"眼药树"。这种树的叶形和其他的枫叶有所不同。

美国红枫 soft maple

槭树科槭属

拉丁学名：*Acer rubrum*

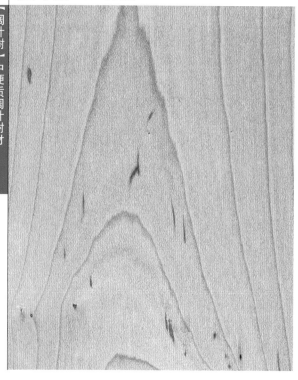

树名	美国红枫		
分类	槭树科槭属	锯加工性	容易
心材颜色	浅褐灰色（红褐色伪心）	刨加工性	较困难
边材颜色	灰白色	耐腐蚀性	弱
心材和边材的边界	不清晰	耐磨性	强
斑纹图案	不清晰	胶接性	良好
硬度状况	中等	干燥加工性	困难

【分布】美国红枫包括两种：与糖槭混生的银枫，以及生长在俄勒冈州的大叶槭。

同是槭树，却没有那么多用途

美国红枫和糖槭不同，其材质较软，没有那么多用途。虽然名叫美国红枫，但是其木材一般称为银枫或大叶槭。

美国红枫的主要用途有：制作铁道枕木、调色板、捆包材、木桶、家具、线脚、胶合板等。

欧亚槭 European maple

槭树科槭属

拉丁学名：*Acer pseudoplatanus*

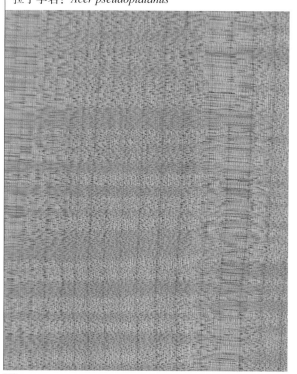

树名	欧亚槭		
分类	槭树科槭属	锯加工性	容易
心材颜色	浅桃黄白色	刨加工性	容易
边材颜色	浅黄白色	耐腐蚀性	弱
心材和边材的边界	不清晰	耐磨性	中等
斑纹图案	清晰	胶接性	良好
硬度状况	中等	干燥加工性	较困难

【分布】欧亚槭分布于欧洲中部。

用于制作弦乐器的美丽木材

白梧桐是欧亚槭的通用名。与名为美国梧桐、悬铃木的木材完全不同。

在用刨子切削皱缩木纹的木材时，木纹部可能出现豁口，加工时需要特别注意。加工完成度良好的木材，木纹（尤其是用清漆刷过后）会非常美丽。

洁白的皱缩木纹的木材是一种美丽的木材，常用于制作小提琴等弦乐器的内板、侧板、颈部等，有名的斯特拉迪瓦里小提琴也使用这种木材制作。

树名	鸟眼枫木		
分类	槭树科槭属（散）	锯加工性	容易
心材颜色	带黄灰白色(红褐色伪心)	刨加工性	较困难
边材颜色	灰白色	耐腐蚀性	弱
心材和边材的边界	不清晰	耐磨性	强
斑纹图案	不清晰	胶接性	良好
硬度状况	硬	干燥加工性	困难

【分布】同糖槭。

鸟眼枫木 bird's eye maple

槭树科槭属（散）

拉丁学名：*Acer rubrum*

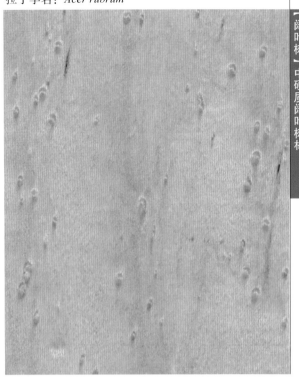

神似鸟眼的花纹，大受欢迎

顺直的木纹是鸟眼枫木的交易名；在枫树中常见的小花纹——bird's eye（鸟的眼睛），被称为鸟眼杢，也已成为一种商品名。

鸟眼枫木主要用来制作刨切单板，用于高级内部装修。也用于装饰汽车的仪表板。这种木纹图案出现在平木纹中，直木纹中很少见，非常有价值。为了充分发挥这种图案的美丽之处，最合适的方法是沿着圆木的圆周一圈一圈地"削皮"。因此，鸟眼枫木如果加工成实木，不仅很多木纹无法呈现，而且木材本身的变形也很严重，所以主要用于制成胶合板。实木用于制作钓具、装饰品、工艺品。

树名	波纹槭木		
分类	槭树科槭属（散）	锯加工性	容易
心材颜色	浅褐灰色(红褐色伪心)	刨加工性	较困难
边材颜色	灰白色	耐腐蚀性	弱
心材和边材的边界	不清晰	耐磨性	强
斑纹图案	不清晰	胶接性	良好
硬度状况	硬	干燥加工性	困难

【分布】同糖槭。

波纹槭木 curly maple

槭树科槭属（散）

拉丁学名：*Acer rubrum*

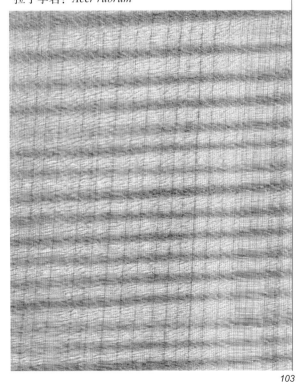

具备极强装饰性的装修木材

波纹槭木具有皱缩木纹。其木理呈现波纹图案，是3A~5A级的珍贵木材，作为小提琴、吉他等乐器的底板用材，得到了很高的评价。其他用途还有，用作内部装修用材、高级家具装修材料，制作装饰品、工艺品、钓具、台球杆等装饰性较强的物品。

悬铃木 sycamore

悬铃木科悬铃木属

拉丁学名：*Platanus occidentalis*

树名	悬铃木		
分类	悬铃木科悬铃木属	锯加工性	容易
心材颜色	浅桃黄白色	刨加工性	容易
边材颜色	浅黄白色	耐腐蚀性	弱
心材和边材的边界	不清晰	耐磨性	中等
斑纹图案	不清晰	胶接性	良好
硬度状况	中硬	干燥加工性	较困难

【分布】梶枫的同类中有波状木纹的被称为悬铃木。优质悬铃木主要出产于英国和法国。

通用名为悬铃木的别种木材

梶枫的同类中具有波状木纹的树种被称为悬铃木。波状木纹也被称为小提琴木纹，这种木材常用于制作弦乐器共鸣箱的内板。悬铃木中具有漂亮的皱缩木纹（如左图所示）的木材非常珍贵，可以加工成刨切单板，作为装修胶合板用于内部家装非常受欢迎。

美国梧桐（美国悬铃木）与悬铃木是完全不同的两种树木。美国梧桐的拉丁学名为 *Liquidambar styraciflua*，广泛分布在缅因州、内布拉斯加州、得克萨斯州北部以及佛罗里达州东部，主要用途为制作胶合板、铁道枕木、木桶、栅栏支柱、调色板、地板、工具的手柄、内装材等。

安妮格 satin sycamore

山榄科阿林山榄属（散）

拉丁学名：*Aningeria* sp.

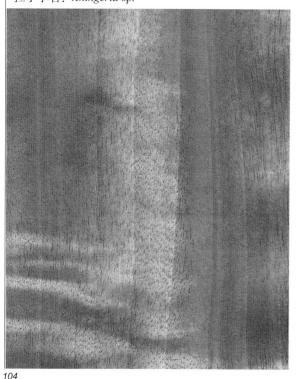

树名	安妮格		
分类	山榄科阿林山榄属（散）	锯加工性	困难
心材颜色	桃白褐色	刨加工性	容易
边材颜色	白褐色	耐腐蚀性	弱
心材和边材的边界	不清晰	耐磨性	中等
斑纹图案	不清晰	胶接性	良好
硬度状况	中等	干燥加工性	困难

【分布】安妮格的主要产地为尼日利亚、乌干达、科特迪瓦、安哥拉、肯尼亚等。广泛分布在非洲热带雨林地区。

安妮格的皱缩木纹

安妮格虽然木纹略粗，但很好地呈现出了美丽的皱缩木纹。因与悬铃木有相似之处，故又称 satin sycamore（绸缎悬铃木），这个名字是日本人起的，在日本通用。

因安妮格木材中含有细小的石灰石块，所以加工时刀具的磨损比较严重。新伐木材中富含菌类，木材会很快变色，所以必须尽快加工处理。主要用途为制作门窗隔扇、装修胶合板等。

安妮格树形高大，呈笔直的圆筒状，这是极好的树形。

树名	人面子		
分类	漆树科人面子属	锯加工性	容易
心材颜色	黄红褐色	刨加工性	容易
边材颜色	灰褐色	耐腐蚀性	中等
心材和边材的边界	清晰	耐磨性	中等
斑纹图案	不清晰	胶接性	良好
硬度状况	中硬	干燥加工性	较困难

【分布】人面子主要分布在菲律宾、印度尼西亚等东南亚国家，以及巴布亚新几内亚、斐济等国家。

人面子 dao

漆树科人面子属

拉丁学名：*Dracontomelon dao*

具富有光泽的缎带木纹，是一种美丽的木材

这种树的木材一般是中到大型木材。它能成长为罕见的直径2m左右的巨树，板状根巨大，边材部占木材体积的近四成，并不是很受欢迎。

人面子的心材呈黄红褐色，有灰黑色的条纹状图案。心材的色调近似胡桃木，因此常用作胡桃木的代用木材。

人面子的木理不通直，相互交错，常呈现波状木理。纹理虽略粗糙，但富有光泽，呈现出缎带木纹。加工性良好，但干燥时容易翘曲，需要特别注意。

因为人面子心材的色调近似胡桃木，所以常用于制作高级家具、橱柜，或制成刨切单板用作内部家装用胶合板、门窗隔扇等。

图为人面子平木纹地板材。因其木纹鲜明，故铺满整个地板后，会给人以华丽的感觉。

灯台树

山茱萸科山茱萸属（散）

拉丁学名：*Cornus controversa*

树名	灯台树		
分类	山茱萸科山茱萸属（散）	锯加工性	容易
心材颜色	浅黄白色	刨加工性	容易
边材颜色	白色	耐腐蚀性	弱
心材和边材的边界	不清晰	耐磨性	中等
斑纹图案	不清晰	胶接性	良好
硬度状况	硬	干燥加工性	较困难

【分布】在日本全国的山地均有野生灯台树分布。

用于制作小木偶、玩具、家具等，用途广泛

　　灯台树能生长到树高20m左右，但是因为非群生，所以很难集中采集木材。主要用于制作小木偶（日本东北地方特产，一种圆头圆身的小木偶），也可以制作手杖、木屐、印章等。初春给灯台树浇水后，折断其树枝，会有水一样的液体滴落下来，因此灯台树在某些国家被称为"水木"。到了5月末，灯台树的树枝上会开满白色的花，因此一眼就能看出哪里生长着灯台树。

北美檫木 sassafras

樟科檫木属（散）

拉丁学名：*Sassafras albidum*

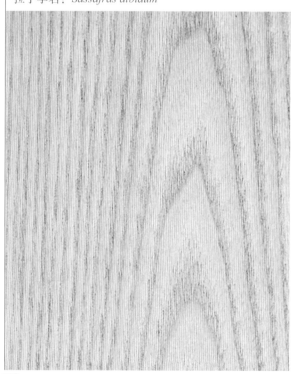

树名	北美檫木		
分类	樟科檫木属（散）	锯加工性	容易
心材颜色	灰褐色至暗褐色	刨加工性	容易
边材颜色	浅黄色	耐腐蚀性	弱
心材和边材的边界	清晰	耐磨性	强
斑纹图案	不清晰	胶接性	良好
硬度状况	硬	干燥加工性	较困难

【分布】北美檫木主要分布在美国艾奥瓦州南部到得克萨斯州东部的地区。

新伐木材的断面会散发出独特的香味

　　北美檫木对于印第安人来说是一种重要的木材，是制作独木舟的原材料。独木舟在英语中被称作 dugout canoe，这也是棒球场中的 dugout（球员席）的词源。北美檫木的材质与黑槐木极其相似，容易混淆。新伐木材的断面会散发出独特的香味，但是干燥后这种香味就会消失。

　　北美檫木的用途主要有，制作牧场的栅栏柱、门闩、栏杆等，很少作为木料使用，根部的树皮可以制作根汁汽水。

树名	洋椿		
分类	楝科洋椿属（散）	锯加工性	容易
心材颜色	暗桃褐色	刨加工性	容易
边材颜色	桃白色	耐腐蚀性	强
心材和边材的边界	清晰	耐磨性	强
斑纹图案	不清晰	胶接性	良好
硬度状况	硬	干燥加工性	容易

【分布】洋椿属于洋椿属，广泛分布在从墨西哥到阿根廷的热带美洲大陆。

◆洋椿被载入 2001 年之后的《华盛顿公约》附录Ⅲ中。

洋椿

cedro，Spanish cedar

楝科洋椿属（散）

拉丁学名：*Cedrela odorata*

储存雪茄必不可少的木材

洋椿的树皮与大叶桃花心木相比略显粗疏且不规则，但是它没有交叉木理（双向交错木理），心材会散发出洋椿特有的气味。洋椿木材容易干燥且很少翘曲。洋椿的材质整体上与大叶桃花心木相似，但是普遍比大叶桃花心木材质轻。

洋椿最为著名的一种用途是制作雪茄储存箱。洋椿又名 Spanish cedar（西班牙雪松），制作雪茄储存箱只能用这种木材。另外，用洋椿木材制作的装修胶合板和内部家装材料等也非常受欢迎，笔直通顺的直木纹具有观赏价值。洋椿的平木纹木材经过加工后也具有良好的手感，常用作桌面木材和内部家装用壁板等。

洋椿的大面积木材价格越来越贵。用于制作桌子等的实木，购买难度也越来越大。

大叶桃花心木 Honduras mahogany

楝科桃花心木属（散）

拉丁学名：*Swietenia macrophylla* King

树名	大叶桃花心木		
分类	楝科桃花心木属（散）	锯加工性	容易
心材颜色	红褐色	刨加工性	容易
边材颜色	灰白色	耐腐蚀性	强
心材和边材的边界	清晰	耐磨性	强
斑纹图案	不清晰	胶接性	良好
硬度状况	黏、硬	干燥加工性	容易

【分布】野生的大叶桃花心木原产自西印度群岛。该树的种植林广泛分布在从玻利维亚到墨西哥的美洲大陆。

◆大叶桃花心木已载入 1995 年之后的《华盛顿公约》附录Ⅱ中。

现已禁止采伐，但仍举世瞩目

大叶桃花心木是世界三大珍贵木材之一，材质优异，不管天然干燥还是人工干燥后都极少翘曲，且干燥后也能保持一定强度，耐腐蚀性、耐磨性强。大叶桃花心木具有纤细的木纹，加工后呈金红褐色的大叶桃花心木是最高等级的家具木材。这种木材颜色被称为大叶桃花心木色，木材的年代越久，颜色越美丽。

大叶桃花心木在雕刻等方面也表现优异，中世纪的欧洲木雕作品广泛使用大叶桃花心木制作。用大叶桃花心木制作的装饰家具等，年代越老，价值越高，具有古董般的价值。

近几年，由于《华盛顿公约》规定禁止采伐大叶桃花心木，现在大叶桃花心木已经成为珍稀保护树种。

大叶桃花心木也是制造木帆船及船舱时不可或缺的材料。德国的显微镜制造商仅使用大叶桃花心木制成的储存箱。

图为用大叶桃花心木的实木制作而成的八人餐桌。桌面由左右对称的木材拼接而成。这是一件出自工作室家具艺术家之手的餐桌作品，不论素材还是设计都非常讲究。现在，像这样尺寸大、材质优的餐桌已经很难买到了。（作者：原涉）

树名	红卡雅楝		
分类	楝科非洲楝属（散）	锯加工性	容易
心材颜色	红褐色	刨加工性	容易
边材颜色	灰白色	耐腐蚀性	强
心材和边材的边界	清晰	耐磨性	强
斑纹图案	不清晰	胶接性	良好
硬度状况	黏、硬	干燥加工性	容易

【分布】红卡雅楝主要分布在西非的热带雨林地区。

红卡雅楝 African mahogany

楝科非洲楝属（散）

拉丁学名：*Khaya ivorensis*

与大叶桃花心木同种的木材

　　红卡雅楝是和大叶桃花心木同种的巨型树木，产自西非热带雨林。木材多呈现出红褐色的交叉木纹，树皮较之大叶桃花心木略显粗疏，木材色调一般在红黄之间。木材容易干燥，极少翘曲，进行黏合、钉钉子等加工时都非常牢固。

　　红卡雅楝不管是切削还是刨皮（加工成壁板）都很容易，耐磨性和耐腐蚀性强，材质优异，不逊色于大叶桃花心木。红卡雅楝的用途广泛，可造船，制作家具、胶合板和刨切单板等。在产地消费极少，多用于出口。

树名	良木非洲楝		
分类	楝科 *Entandrophragma* 属	锯加工性	容易
心材颜色	桃褐色至浅红褐色	刨加工性	容易
边材颜色	桃褐色	耐腐蚀性	中等
心材和边材的边界	清晰	耐磨性	中等
斑纹图案	不清晰	胶接性	良好
硬度状况	中硬	干燥加工性	中等

【分布】良木非洲楝分布在几内亚、刚果（布）、塞拉利昂、科特迪瓦西部等西非地区排水良好的多雨密林地带。

良木非洲楝 sipo

楝科 *Entandrophragma* 属

拉丁学名：*Entandrophragma utile*

一种适合制作柜台、餐桌等的木材

　　良木非洲楝的边材清晰，有 3~5cm 厚，无灰黑色；心材颜色为桃褐色至浅红褐色，因光照的不同而产生深浅变化。

　　良木非洲楝的直木纹清晰，常见特有的缎带木纹；平木纹为茶色的条纹。良木非洲楝是一种材质稳定的木材，即使干燥时也很少收缩，干燥后性质更加稳定，但是木材表面可能出现细小的干裂纹。

　　即使是良木非洲楝的交错木理的木材，加工性也很好，刨削性良好。可制作雕刻品，木工装饰品，船舶的内装用品，刨切单板、装修胶合板等内装用家具木材和大面积木材。因为很少发生翘曲，所以适合制作柜台、餐桌等。

筒状非洲楝 sapele

楝科 *Entandrophragma* 属（环）

拉丁学名：*Entandrophragma cylindricum*

树名	筒状非洲楝		
分类	楝科 *Entandrophragma* 属(环)	锯加工性	较困难
心材颜色	红褐色	刨加工性	较困难
边材颜色	灰白色	耐腐蚀性	强
心材和边材的边界	清晰	耐磨性	强
斑纹图案	不清晰	胶接性	良好
硬度状况	硬	干燥加工性	困难

【分布】筒状非洲楝是一种生长在西非热带雨林一带的巨型树木，从塞拉利昂经过刚果（布）、刚果（金）直到乌干达均有分布。

带状木纹具有独特的美感

心材的颜色为红褐色，边材颜色较淡但较厚，容易辨别。树皮呈现纤细的纹路，近似大叶桃花心木。

筒状非洲楝又称"sapele mahogany（沙比利桃花心木）"，硬度与白栎相近。虽然属于容易用刀具切削的木材种类，但是双向交错的木理部分略难刨切。从观赏角度看，其漂亮的带状木纹具有独特的美感。

筒状非洲楝属于耐腐蚀性强的树种，经过防腐处理后，非常结实耐用。涂装效果良好，可以作为大叶桃花心木的代用木材。用途与大叶桃花心木基本相同，可以用于制作橱柜、内部家装用品、门窗隔扇等。

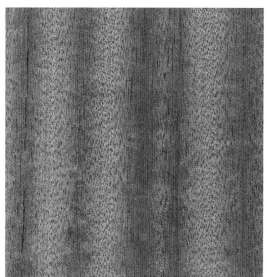

图为筒状非洲楝的直木纹。从观赏角度来看，其特征为具有独特的带状木纹。

树名	白驼峰楝		
分类	楝科驼峰楝属（散）	锯加工性	较困难
心材颜色	浅黄桃色	刨加工性	良好
边材颜色	白色	耐腐蚀性	良好
心材和边材的边界	不清晰	耐磨性	中等
斑纹图案	不清晰	胶接性	良好
硬度状况	中硬	干燥加工性	良好

【分布】白驼峰楝分布于西非的科特迪瓦至刚果（金）。

白驼峰楝 bosee

楝科驼峰楝属（散）

拉丁学名：*Guarea cedrata*

大叶桃花心木的代用材

　　白驼峰楝是产自非洲西海岸（特别是科特迪瓦）的热带树，属于常绿乔木，树高 18m，圆木直径可达 1m。

　　材质方面，边材呈白色，难以同心材清楚区分。刚锯开的木材，心材呈浅黄桃色，之后变化为亮桃褐色，气味怡人，不久颜色就会变成橙桃色。纹理精细且均匀。

　　收缩小且干燥后稳定。耐压缩和弯曲，加工性良好，成品表面精美。钉子或卯榫容易致其开裂，加工时注意。

　　保存性良好，耐久性也优越。作为木工用材，可替代大叶桃花心木用于制作柜台、家具、船舶内装用品。

正在加工的店铺柜台用的白驼峰楝木材。其加工性良好、外观精美，且长材易取，因此备受青睐。

大果翅苹婆木 koto

梧桐科翅苹婆属（散）

拉丁学名：*Pterygota macracarpa*

树名	大果翅苹婆木		
分类	梧桐科翅苹婆属（散）	锯加工性	容易
心材颜色	黄白色	刨加工性	容易
边材颜色	浅黄白色	耐腐蚀性	弱
心材和边材的边界	不清晰	耐磨性	弱
斑纹图案	清晰虎斑	胶接性	良好
硬度状况	中硬	干燥加工性	良好

【分布】大果翅苹婆木分布于赤道几内亚、科特迪瓦、喀麦隆。

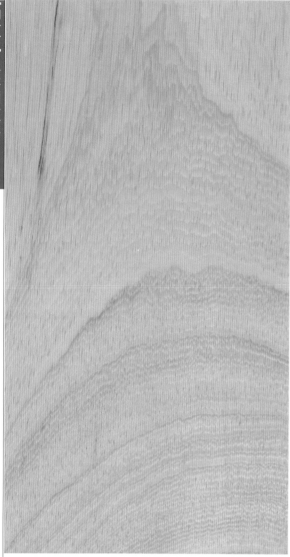

材色均匀且色斑少的木材

大果翅苹婆木分布于非洲西海岸，广为人知的主要产地有科特迪瓦、喀麦隆。树高 30m，圆木直径可达 90cm。

边材和心材的边界不清晰，木材呈黄白色且具光泽。纹理粗，木纹通直，直木纹中含银星（又叫银纹，指直木纹中出现的斑纹，类似蒙古栎的虎斑），局部带有砂纹（即皱缩木纹）。中等重量木材的密度变动大（0.55~0.8g/cm³），且作为变色快的木材，需要尽快制作成锯材。

如果是厚板材，中央部存在变色的危险，所以人工干燥必不可少。

对虫害、腐蚀的抵抗能力弱。容易干燥，变形少，但容易开裂。纹理交错的直木纹木材可遇不可求，通常容易机械加工，适于钉合、胶合，加工后表面光滑。

可用作家具材、框材、地板材等，木纹较好的还可制作装饰板。

大果翅苹婆木材质的座钟。洁净的色调，使其适合用作内饰材料等。

树名	槐		
分类	豆科槐属（环）	锯加工性	容易
心材颜色	暗褐色	刨加工性	容易
边材颜色	黄白色	耐腐蚀性	强
心材和边材的边界	清晰	耐磨性	强
斑纹图案	不清晰	胶接性	良好
硬度状况	硬	干燥加工性	较困难

【分布】中国原产种的槐，已在日本全境生长。特别在北海道，槐是一种用途较多的木材。

槐

豆科槐属（环）

拉丁学名：*Sophora japonica*

木字旁加上"鬼"，是不是驱魔之木？

最原始的槐基本无法繁育，经过改良后才得以繁衍。树形近似洋槐，叶子难以区分，但槐的叶下面密布柔软的灰白色毛。树高 15m 左右，直径可达 60cm。

日本东北地区及北海道将"槐"字理解为驱邪之意，用它来制作壁龛支柱。

边材（黄白色）和心材（暗褐色）分明，用于制作门框、壁龛支柱、小家具等。

槐木的托盘。小径木也可用于制作版画作品。

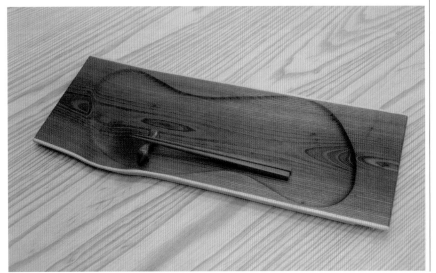

帕莉印茄 merbau

豆科印茄属（散）

拉丁学名：*Intsia palembanica*

树名	帕莉印茄		
分类	豆科印茄属（散）	锯加工性	容易
心材颜色	黄色或褐色（带橙色）	刨加工性	容易
边材颜色	暗褐色	耐腐蚀性	强
心材和边材的边界	清晰	耐磨性	强
斑纹图案	不清晰	胶接性	良好
硬度状况	硬	干燥加工性	容易

【分布】帕莉印茄分布于东南亚至巴布亚新几内亚，小、中径木较多。

加工性良好且用途广泛

帕莉印茄边材、心材的边界清晰，心材呈黄色或褐色（带橙色），接触外部空气之后变成暗褐色（带红色）。直木纹木材锯切后带有光泽，有黑绿色的条纹。纹理交错，少见波状纹。

加工处理后硬度良好，耐久性好且耐白蚁侵蚀。此外，干燥处理不要过度是关键。

因其加工性良好，可用于制作壁龛支柱、物品外壳、器具的柄、家具、乐器、刳物等，重要构造材中也有使用。

加工成地板的帕莉印茄木材。

树名	雨树		
分类	豆科雨树属	锯加工性	良好
心材颜色	金褐色	刨加工性	良好
边材颜色	灰白色	耐腐蚀性	强
心材和边材的边界	清晰	耐磨性	强
斑纹图案	不清晰	胶接性	良好
硬度状况	黏、硬	干燥加工性	较困难

【分布】雨树广泛分布于东南亚、中南美洲、夏威夷群岛、巴布亚新几内亚、斐济。

雨树 rain tree

豆科雨树属

拉丁学名：*Samanea saman*

因电视广告而为人熟知的树

　　雨树的树形呈巨大的伞状，在热带是遮蔽烈日的绝佳天然遮阳伞，午休的时候树下异常喧闹。可种植作为庭院树、公园树、街道树，热带地区常见。

　　木材的用途并不多，可用于制作沙拉碗等。逆纹显著的木材，锯齿切割性良好。

　　根据产地，木材会出现深色条纹或色调差异等。树干短，长材难取，相反长成大树时能取宽板材，可用于制作桌椅的面板。此外，也可作为寇阿相思树的替代木材。在原产地用于制作家具、民间工艺品等。

因日本的电视广告语"这棵树是什么树？是大家的树！"而为人熟知的树，其实就是雨树。

寇阿相思树 Hawaiian koa

豆科金合欢属

拉丁学名：*Acacia koa*

树名	寇阿相思树		
分类	豆科金合欢属	锯加工性	容易
心材颜色	暗红褐色	刨加工性	容易
边材颜色	浅褐色	耐腐蚀性	中等
心材和边材的边界	清晰	耐磨性	中等
斑纹图案	清晰	胶接性	良好
硬度状况	中硬	干燥加工性	困难

【分布】寇阿相思树是夏威夷群岛（尼豪岛、卡胡拉韦岛）的固有树种。

皱缩木纹精美的工艺木材

　　寇阿相思树是被尊称为"圣木"的夏威夷特产。其在火山台地海拔 2 000m 的干燥地区自然生长。

　　在产地被亲切地称为"心树"。自然被风吹倒后制作成木材，但边材附近的腐蚀部分较多。

　　鉴赏价值较高的寇阿相思树木材被用于制作尤克里里。在夏威夷这种木材具有广泛用途，可作为酒店的内装材、柜台材，还可制作家具、装饰品等。

　　木材整体的皱缩木纹并不少。材色呈黄色至红褐色，其中较多线条状的浅褐色斑纹。纹理通直，密度及硬度合适。

　　木材收缩相当严重，容易开裂。

寇阿相思树最出名的用途便是制作尤克里里。利用其木纹，表现出工艺品之美感。

树名	杧果树		
分类	漆树科杧果属（散）	锯加工性	容易
心材颜色	浅褐色	刨加工性	容易
边材颜色	浅灰褐色	耐腐蚀性	弱
心材和边材的边界	不清晰	耐磨性	弱
斑纹图案	不清晰	胶接性	良好
硬度状况	中硬	干燥加工性	较困难

【分布】杧果树分布于印度、东南亚等地。

杧果树 mango

漆树科杧果属（散）

拉丁学名：*Mangifera indica*

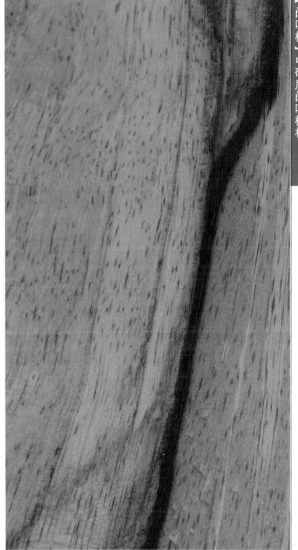

热带水果杧果的树

　　杧果是在印度、东南亚、夏威夷群岛、中南美洲等地常见的著名热带水果。但是，其木材的实用性却不被人熟知，只是产地的人们会在各方面利用其木材。

　　其心材和边材的边界并不清晰，从浅褐色变化至浅灰褐色，心材有时呈深褐色且带黑色条纹，其中可见波状纹。纹理或精或粗，木材之间有偏差。材质中硬，但加工容易，干燥时容易开裂。

　　刨加工面光滑，偶尔会碰到脆性木，需要注意。

　　用于制作利用条纹的家具、箱体、地板、天花板、内饰小物件等。注意在热带地区使用容易受虫害，建议在温带地区使用。

用杧果树木材制作的木花盆。
自然风的装饰物件非常受欢迎。

胶木 nyatoh

山榄科胶木属（散）

拉丁学名：*Palaquium* spp.

树名	胶木		
分类	山榄科胶木属（散）	锯加工性	容易
心材颜色	红褐色	刨加工性	容易
边材颜色	灰白色	耐腐蚀性	弱
心材和边材的边界	清晰	耐磨性	强
斑纹图案	不清晰	胶接性	良好
硬度状况	硬	干燥加工性	较困难

【分布】胶木广泛生长于中国台湾、马来西亚、加里曼丹岛及斐济等地。

耐久性方面欠缺

胶木的密度变化较大，为 0.47~0.89g/cm³。轻木无光泽，不适合用于装饰。重木的材质近似日本的真桦，可以替代樱木材。木材中有时会带有微小的硅晶，导致锯切加工困难。用途主要是作为内装材、家具材，但其缺乏耐久性。

草莓树 madrona

杜鹃花科浆果鹃属

拉丁学名：*Arbutus menziesii*

树名	草莓树		
分类	杜鹃花科浆果鹃属	锯加工性	容易
心材颜色	深红褐色	刨加工性	较困难
边材颜色	红褐色	耐腐蚀性	弱
心材和边材的边界	不清晰	耐磨性	弱
斑纹图案	极清晰	胶接性	良好
硬度状况	中硬	干燥加工性	较困难

【分布】草莓树分布于北美西部。

沿用当地树名流通

在美国加利福尼亚州朱丽叶州立公园，草莓树在大瑟尔海岸至海拔 915m 处的范围内广泛分布，沿用当地树名流通。

观赏价值高的精美珠纹是这种木材的特征。材质中硬，收缩较大，干燥时需要注意。

用于制作工艺品、装饰品、汽车的仪表板（装饰材）、内装材、刨切单板等。

树名	猴子果		
分类	山榄科猴子果属（散）	锯加工性	较困难
心材颜色	红褐色	刨加工性	较困难
边材颜色	灰白色	耐腐蚀性	强
心材和边材的边界	清晰	耐磨性	强
斑纹图案	不清晰	胶接性	良好
硬度状况	硬	干燥加工性	困难

【分布】猴子果主要从西非的科特迪瓦、尼日利亚、加纳、塞拉利昂的热带雨林地区输出。

猴子果 makore

山榄科猴子果属（散）

拉丁学名：*Tieghemella heckelii*

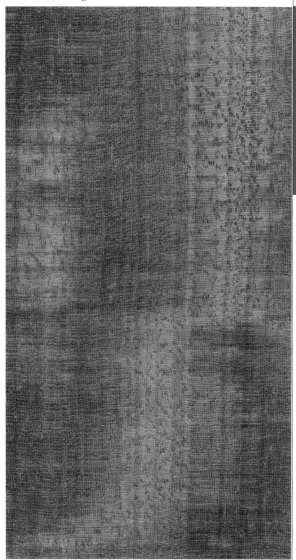

可制作家具及欧式内装物品的高利用价值木材

　　猴子果长有圆筒形的整齐树干，属于大树中利用率高的树种。

　　加工时细微木屑刺激人的黏膜，需要注意。对刀具的磨损较快，加工较困难，但锯切效果良好，成品精美。

　　可用于制作刨切单板（装饰胶合板）、高级家具、地板。同大叶桃花心木的材质近似，可替代其使用。

　　历经时间磨砺会变成红褐色，色调美观。浸油或涂漆等效果良好。

大桌的面板由四张板拼接而成。
猴子果同样难以获取宽大木材。

南洋棱柱木 ramin

棱柱木科棱柱木属（散）

拉丁学名：*Gonystylus bancanus*

【阔叶树】中硬质阔叶树材

树名	南洋棱柱木		
分类	棱柱木科棱柱木属（散）	锯加工性	容易
心材颜色	带黄白色	刨加工性	容易
边材颜色	白色	耐腐蚀性	弱
心材和边材的边界	不清晰	耐磨性	强
斑纹图案	不清晰	胶接性	良好
硬度状况	硬、脆	干燥加工性	良好

【分布】南洋棱柱木广泛分布于马来西亚、菲律宾、苏门答腊岛、巴布亚新几内亚、所罗门群岛。马来西亚沙捞越的丘陵地分布较多。
◆南洋棱柱木于2002年载入《华盛顿公约》附录Ⅱ中。

材色均匀且色斑少的木材

即使在中南半岛的柳安圆木的全盛时期，南洋棱柱木仍然作为锯材出口，而不是胶合板材。

南洋棱柱木的木材呈均匀的黄白色，即使是不同批次的木材也没有色差，将各个圆木加工出的锯材平放在一起时，没有色差或不协调感。边材颜色难以识别，接触空气后会被青霉菌感染而导致快速变色，海中存放的木材同样是接触空气的边材最早霉变。圆木开裂少、直材多，但直径60cm左右的较细的木材较多。树芯坚固，成品率较高。

边材部分含水率高、密度大，所以树身开裂后会引起较大变形。南洋棱柱木并不是平切制作成锯材，大多制作成条状地板、竖板壁，处理弯曲部分以实现尽可能高的成品率需要充足经验。锯到平木纹的木材时锯材表面会提早干裂，曝露于光照下开裂进一步加重，所以关键是正确锯切平木纹木材。锯切后，青霉菌从材面开始出现。快的话，1h左右木材就会变色。

必须清除掉附着于锯材表面的木屑并浸入溶剂（加入防霉剂，表面形成皮膜）中，迅速进行防霉处理。干燥容易，即使天然干燥后也能使用。完全干燥的木材通过涂漆等隔绝空气，避免变形。原材会释放刺激恶臭，完全干燥后臭味消失。

具有钉入后容易开裂的特性。同竹的特性类似，钉子等其他材料敲入南洋棱柱木时，需要用钻头等打底孔。

在欧洲或非洲，同萌芽松一样被制作成百叶门。涂漆效果佳，最适合用作石膏装饰的高档框材。可代替青森罗汉柏加工成圆筷，也可大量用作涂漆底料。刨加工时，刀刃切割性良好。

以前，南洋棱柱木的圆棒在建材市场很容易找到。但是，因担心其灭绝，现在的圆棒大多使用松木制作。

树名	毒籽山榄		
分类	山榄科毒籽山榄属（散）	锯加工性	中等
心材颜色	红褐色	刨加工性	较困难
边材颜色	桃白色	耐腐蚀性	强
心材和边材的边界	清晰	耐磨性	强
斑纹图案	不清晰	胶接性	良好
硬度状况	硬	干燥加工性	困难

【分布】毒籽山榄分布于西非的热带雨林。

毒籽山榄 moabi

山榄科毒籽山榄属（散）

拉丁学名：*Baillonella toxisperma*

出现泡纹等有趣木纹的木材

　　毒籽山榄树形良好，树干圆柱形、通直，能取大径木材。带有侵填体构造，纹理致密且均匀。

　　干燥需要时间，稍不耐心就可能引起开裂。锯切加工并不困难，但刀片磨损快。打磨、锯切时鼻黏膜会受到刺激，建议加工时戴口罩。

　　这种木材中含有泡纹等有趣木纹。利用此木纹，适合将其用作桌面材、家具装饰材等。此外，还适合制作室内装饰品、地板、刳物、雕刻品等，也说明其耐虫害能力强。

一张板的桌面。目前毒籽山榄木材大多加工成刨切单板，作为装饰胶合板使用。

苦树

苦木科苦树属（环）

拉丁学名：*Picrasma quassioides*

树名	苦树		
分类	苦木科苦树属（环）	锯加工性	中等
心材颜色	鲜黄色或深黄色	刨加工性	中等
边材颜色	白色	耐腐蚀性	中等
心材和边材的边界	清晰	耐磨性	中等
斑纹图案	不清晰	胶接性	良好
硬度状况	中硬	干燥加工性	较困难

【分布】苦树分布于中国、日本、朝鲜半岛。

用于制作健胃药的苦树

苦树是花雌雄异株的落叶乔木，分布于东亚的温带及热带。

所有部位均带强烈苦味。目前市场上只有小径木，且并不多见，大木基本没有。

边材为白色，心材呈鲜黄色或深黄色（如同漆木、野漆），带有好似榉树的木纹。木材极其轻，坚韧却具备良好的加工性，锯切面有光泽。

干燥后的木材切片之后作为煎药，具有天然杀虫成分，还是有机农药的一种。

利用其鲜艳的色调和木纹，可同其他木材搭配用于木片拼花、骨木镶嵌，也可制作把玩件、装饰材等。但是，用于制作碗等时会渗出苦味，不可使用。

骨木镶嵌作品中使用的苦树木。鲜艳的色调和美丽的木纹使其成为木片拼花、骨木镶嵌、制作把玩件时不可或缺的至宝。

树名	枳椇		
分类	鼠李科枳椇属（环）	锯加工性	容易
心材颜色	黄褐色	刨加工性	中等
边材颜色	浅黄白色	耐腐蚀性	中等
心材和边材的边界	清晰	耐磨性	中等
斑纹图案	不清晰	胶接性	良好
硬度状况	中硬	干燥加工性	较困难

【分布】枳椇分布于中国、朝鲜半岛，日本的本州、四国及九州亦有分布。

枳椇

鼠李科枳椇属（环）

拉丁学名：*Hovenia dulcis* Thunb.

好像揉捻加工后的精美木纹

枳椇边材呈浅黄白色，心材以黄褐色为主，心材和边材的边界清晰。木材纹理较粗，干燥后容易开裂和翘曲，相反干燥过程中比较稳定。

加工性也比较好，锯切能够获得精美的光泽。

木纹大多通直，有时平木纹中也会出现皱缩木纹。枳椇是制作把玩件的珍贵木材。

主要用途是作为壁龛用材，可制作木框、支柱、装饰品、乐器等。

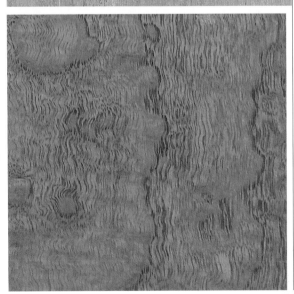

皱缩木纹显现出来。枳椇是制作把玩件的珍贵木材。

冠瓣木 perupok

卫矛科冠瓣木属

拉丁学名：*Lophopetalum* spp.

树名	冠瓣木		
分类	卫矛科冠瓣木属	锯加工性	容易
心材颜色	浅黄色、浅黄褐色	刨加工性	容易
边材颜色	浅黄色	耐腐蚀性	弱
心材和边材的边界	不清晰	耐磨性	弱
斑纹图案	不清晰	胶接性	良好
硬度状况	轻软	干燥加工性	容易

【分布】冠瓣木分布于印度、中南半岛、马来西亚及巴布亚新几内亚等地。

涂漆效果良好的木材

　　冠瓣木边材和心材的边界并不清晰，心材呈浅黄色、浅黄褐色，木理交错，平木纹中会出现类似竹叶木纹的锯齿花纹。

　　木材容易干燥，薄板仅需 2 个月左右即可天然干燥。

　　加工容易，加工效果良好。木材的耐久性弱，容易注入药剂。

　　涂漆效果良好，可用作油漆底材、框材、装饰材、箱体材、雕刻材等。

银桦 silky oak

山龙眼科银桦属（散）

拉丁学名：*Grevillea robusta*

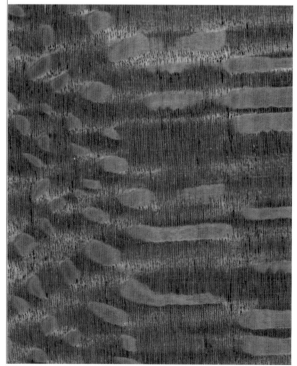

树名	银桦		
分类	山龙眼科银桦属（散）	锯加工性	容易
心材颜色	浅红褐色	刨加工性	容易
边材颜色	灰白色	耐腐蚀性	强
心材和边材的边界	清晰	耐磨性	弱
斑纹图案	清晰	胶接性	良好
硬度状况	较软	干燥加工性	容易

【分布】银桦较多分布于澳大利亚的大分水岭东侧。

犹如虎斑的华丽木纹

　　具有大量虎斑状的华丽木纹是银桦的特征，呈水滴状的独特花纹排列成直木纹。此外，木材变色快，干燥需要经验。

　　比蒙古栎材软，且加工性良好。涂漆加工效果好，染色后斑纹更加突出，主要加工成刨切单板，用于制作高档家具的饰面板、陈列柜、内装材。也常用于制作巧妙运用其斑纹的雕刻品、相框、内饰小物件。

树名	破布木		
分类	紫草科破布木属（环）	锯加工性	容易
心材颜色	带暗绿褐色	刨加工性	容易
边材颜色	灰白色	耐腐蚀性	中等
心材和边材的边界	清晰	耐磨性	中等
斑纹图案	不清晰	胶接性	中等
硬度状况	中等	干燥加工性	容易

【分布】南美洲的巴西至玻利维亚较多出产破布木。

破布木

紫草科破布木属（环）

拉丁学名：*Cordia dichotoma*

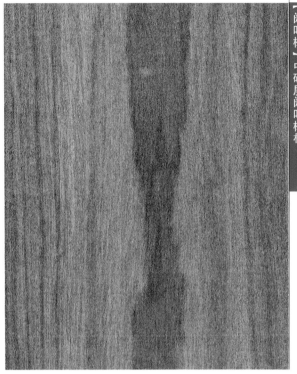

制作工艺品的优质木材

　　该树种同厚壳树同属紫草科。树高 45m，直径达 70cm 的也不罕见。

　　同种的树中，还有生长于琉球群岛、中国、澳大利亚的破布木，叶形近似柿树叶。锯加工、旋压等木工处理效果良好，广泛用于制作家具、内装用品、工艺品、乐器。

树名	曼森梧桐		
分类	梧桐科曼森梧桐属（散）	锯加工性	容易
心材颜色	带紫灰褐色	刨加工性	容易
边材颜色	灰白色	耐腐蚀性	强
心材和边材的边界	清晰	耐磨性	弱
斑纹图案	不清晰	胶接性	良好
硬度状况	硬	干燥加工性	较困难

【分布】曼森梧桐分布于西非热带雨林的海岸附近。

曼森梧桐 mansonia

梧桐科曼森梧桐属（散）

拉丁学名：*Mansonia altissima*

装饰性佳的胡桃木替代木材

　　曼森梧桐与可可树是同属梧桐科的乔木。其木材具有条状花纹和波状木纹（木理），装饰性强，可替代胡桃木使用。

　　可用于制作内装用品、家具、乐器。锯切加工性良好，成品效果佳。耐腐蚀性强，也适合用于制作地板。

温州蜜柑

芸香科柑橘属（散）

拉丁学名：*Citrus unshiu*

树名	温州蜜柑		
分类	芸香科柑橘属（散）	锯加工性	中等
心材颜色	浅黄色	刨加工性	良好
边材颜色	白浅黄色	耐腐蚀性	弱
心材和边材的边界	不清晰	耐磨性	中等
斑纹图案	不清晰	胶接性	良好
硬度状况	中硬	干燥加工性	较困难

【分布】温州蜜柑分布于日本关东以南的温暖地区。

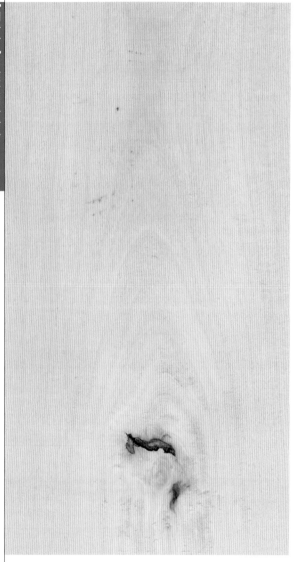

冬季佳果"蜜柑"

　　蜜柑是冬季的必备佳果。温州蜜柑得名于原产地中国温州，此后传入日本的鹿儿岛县。

　　最早从中国传出，加以改良后回传至中国。基本仅食用其果实，也作为庭院树种植。它是一种低矮的常绿木，其木材基本没有利用价值，所以作为木材的资料较少。

　　木材呈浅黄色，令人不禁联想到其果实。木纹紧密却不是很清晰，且作为中硬的木材，锯加工性中等，加工面光滑，适合制作小工艺品、餐具等。

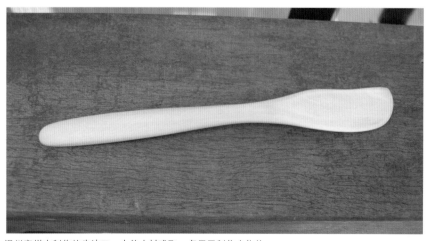

温州蜜柑木制作的牛油刀。大件木材难取，多用于制作小物件。

硬质阔叶树材

鶴

犀鸟

骨木镶嵌

内山春雄

各种带有颜色的木材，变为鸟的眼睛、翅膀、喙或树叶、水面。

利用木材特有的色调及木纹，将材料嵌入其中而形成具象的骨木镶嵌作品。这是一种流传至今的经典技艺。

鹡

榉树

榆科榉属（环）

拉丁学名：*Zelkova serrata*

树名	榉树		
分类	榆科榉属（环）	锯加工性	容易
心材颜色	带黄红褐色，略带青色	刨加工性	容易
边材颜色	灰白色	耐腐蚀性	强
心材和边材的边界	清晰	耐磨性	强
斑纹图案	纤细	胶接性	良好
硬度状况	超硬	干燥加工性	困难

【分布】榉树分布于除北海道以外的日本全境。

日本具有代表性的阔叶树材

榉树是日本具有代表性的树木。尾州桧被比作女王，各地耸立的巨型榉树真可谓是王者的姿态。东京都府中市马场大门的榉树据测树龄达 300~800 年。

木材界将榉树区分为青榉和红榉。青榉称作"青木"，是指年轮较宽的幼木。冬季落叶后，青木的枝叶呈倒立的竹扫帚状（倒 A 形）朝向天空延伸，易于辨认。幼榉木的树皮显青嫩，所以称为青木。青木的边材厚，心材略带青色，缺乏美感。幼青木的边材长得大，边材侧的木材反而容易翘曲，加工不易。

榉树的木材可归入重且硬的部类，但锯切加工反倒容易。耐腐蚀性强，极具保存性，木纹精致且有光泽，是日本产阔叶树中材质最好的种类。

可作为建筑材、家具材等，是极受欢迎的高级材

榉木的用途非常广泛，可用作建筑材，甚至还有全部采用榉木建造的豪华住宅。主要用途是作为建筑中的支柱。

相对于神社建筑主要使用桧木，榉木则是寺庙建筑中不可或缺的重要木材，格窗（日式建筑的组成部分）就是采用榉木制作的。桌椅、台面、组合柜中也有使用，在日式家具的材料中颇为有名，榉木制作的火盆、矮脚桌、碗柜、佛坛是最高档品的代名词。

榉木屏风。巧妙运用优美木纹的日式家具中，榉木不可或缺。

榉木最适合制作鼓、臼、杵、盆、碗等漆器及器具的木柄。榉木制作的汤碗保温性好，且外面不烫手，是家常用具中的名品。

榉木中空洞较多，可以敲击听声判断是否有空洞，或用长锥开孔取木观察。树干上开孔的树容易被腐蚀，所以大多不会给成木开孔。所以，只允许给确定采伐的树开孔。

最高级的如轮杢木材

榉木中常有精美木纹。用拇指按压树皮部分，有凹陷感时剥开便可发现木瘤，其里层是玉杢。榉木的木纹可分为玉杢、如轮杢、葡萄杢、竹叶杢。加工成刨切单板，作为壁龛的地板、架板、面板等标准件，与合成材组合生产。

榉木的如轮杢是所有木纹中为数不多的能够装饰最高级折纸的特殊木纹。榉木的一般材加工成锯材，可制作农舍等的玄关上框。

分枝部分或树干较粗部分截锯，可用于制作砧板（其中，幼木最适合制作砧板）。

红榉和青榉，即使材料体积相同，价格也会有很大差异。

榉树的边材可制作壁龛的椸束或门档等小物件。木纹较好的部分，也是姓名牌的常用木材。农耕用具的发动机座也经常是榉木材质的。形状奇特的变形木还是日式糕点店或荞麦面店的招牌用材。榉木的废材部分少，利用率堪比桧木。

榉树的价值取决于材质，边材宽的青榉和边材薄的红榉即使体积相同，价格也会有很大差异。

通常，杉树林中的榉树材质优良，竹林中的色调略差。概而言之，日本的东北及关东地区的木材评价较好。南阿尔卑斯山周边的榉树木材颜色浅，且容易变形。

九州的宫崎县也是著名的良材产地，出产色调优美的木材。此外，山阴及纪伊半岛大台原也有良材。

正仓院的赤漆文权木佛龛历经1 300年，至今仍保持着极好的光泽，在日本国宝中也属于佳品。榉木雕刻的佛像也有很多流传至今，证明优质榉木经历很长时间依然能够保存完好。

刺楸的鬼脸纹木材上色后近似榉木，即使专业人士也容易混淆。其实木较轻，碗等可用手掂量判断材质。通过木纹判断时，刺楸春纹部具有两条细年轮，榉木则无法判断。

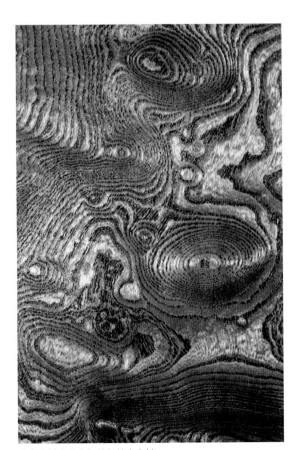

珍贵木材中最高级的如轮杢木材。

小叶青冈 live oak

壳斗科青冈属（环）

拉丁学名：*Cyclobalanopsis myrsinifolia*

树名	小叶青冈		
分类	壳斗科青冈属（环）	锯加工性	较困难
心材颜色	浅褐色、灰白色	刨加工性	较困难
边材颜色	灰白色	耐腐蚀性	强
心材和边材的边界	不清晰	耐磨性	强
斑纹图案	清晰	胶接性	良好
硬度状况	超硬	干燥加工性	困难

【分布】小叶青冈比尖叶青冈的耐寒性稍强，分布区向北进一步延伸，日本新潟县和福岛县的连线是其北方生长极限。

小叶青冈在房总半岛、伊豆群岛的温带常绿阔叶林中常见。

木工刨的底座几乎都采用青冈材制作。虽然也用尖叶青冈材，但是用小叶青冈材的还是占较大比例。

可制作木工锯的底座或工具手柄

小叶青冈耐寒性较强，日本关东地区将其种植于房屋的院墙周围用于防风防火。圆润可爱的果实在 10 月成熟。果实对比，还是尖叶青冈的更大。

小叶青冈的各种木材特性和尖叶青冈基本相同，但尖叶青冈木材的黏性更强，且耐磨性强，多用于制作工具的手柄。

通常，青冈类木材容易受褐粉蠹的侵害，其幼虫侵蚀出小指大小的虫眼，腐蚀菌从虫眼侵入，在材面上留下牡丹花纹。牡丹花纹部分的硬度降低，受到冲击时异常脆弱，如果用于制作锤子的木柄则会断裂。木柄制造商非常忌讳这种牡丹花纹，仅收集结实的幼木。其实，牡丹花纹是腐蚀菌繁殖部分出现的变色现象。

青冈的内部摩擦系数较大，制作木工刨的底座时没有比青冈更适合的木材了。

青冈类植物属于壳斗科青冈属，没有白橡木或蒙古栎的侵填体构造，所以不适合用于制作液体容器。

树名	尖叶青冈			
分类	壳斗科青冈属（环）	锯加工性	困难
心材颜色	浅红褐色	刨加工性	困难
边材颜色	带红浅黄褐色	耐腐蚀性	中等
心材和边材的边界	较清晰	耐磨性	强
斑纹图案	清晰	胶接性	良好
硬度状况	超硬	干燥加工性	困难

【分布】尖叶青冈的分布区北至日本新潟县的海岸线到福岛县，南至本州、四国、九州；另外，朝鲜半岛也有分布。优质尖叶青冈材在日本鹿儿岛县、宫崎县、高知县都有产出。

尖叶青冈 oak

壳斗科青冈属（环）

拉丁学名：*Cyclobalanopsis acuta*

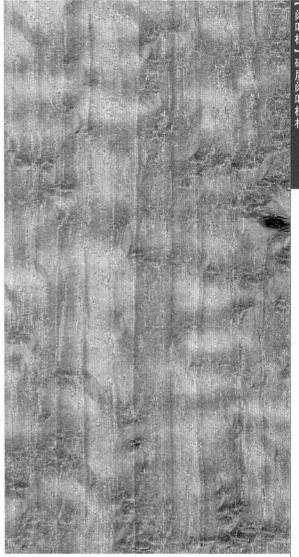

日本最强木种？

尖叶青冈和青冈栎在同地域生长，属性大致无异，与樟木同为常绿阔叶树。在日本关西地区，通常作为庭院植物种植。

青冈栎的材质比尖叶青冈略粗，坚韧且小径木占大半；尖叶青冈的材色呈浅红褐色，年轮不清晰。髓线粗，大虎斑纹呈现于直木纹面。这种斑纹在平木纹中表现为眼睛的形状，所以称为"青冈眼纹"。坚韧的乌冈栎由于木材过细而无法加工成锯材，仅用于制作白炭。尖叶青冈在日本产锯材中属于强度最高的木材。其中，还有比水密度更大的尖叶青冈。锯切加工异常困难，耐磨性强，且干燥方法也属于最困难的。

尖叶青冈的用途主要是制作木刀、算盘框、三味线的杆。日本曾经历过这样一段时期，警察佩带尖叶青冈木刀必须申请。木刀也使用枇杷木制作，长矛的木柄则必须使用尖叶青冈材制作，否则容易折断。因其最适合制作点心器皿，所以尖叶青冈材的器皿较常见。除此之外，还常用于制作木工刨的底座或工具的木柄。

门槛槽中通常嵌入防磨损的尖叶青冈材薄板，或者使用尖叶青冈材制作门槛，建筑构件名为"乌冈栎材"。

至今，尖叶青冈仍是制作船缘、橹、桨、舵等不可或缺的材料。同时，作为红橡木的同类材，小叶青冈材也可以加工成威士忌酒桶，而不可使用尖叶青冈材。尖叶青冈树高20m，直径可达1m。

果实圆润小巧，熟悉的人可以此辨认出此树种。尖叶青冈材保存性并不好，属于中等程度。因其燃烧后火力强，常被用来制作木炭，其树枝都能物尽其用。

铲刀的木柄使用尖叶青冈材制作。它可用于制作工具的木柄或木工刨的底座，所以是备受木工匠喜爱的木材。

白橡木 white oak

壳斗科栎属（环）

拉丁学名：*Quercus alba*

树名	白橡木		
分类	壳斗科栎属（环）	锯加工性	容易
心材颜色	灰褐色（含侵填体）	刨加工性	容易
边材颜色	白色	耐腐蚀性	强
心材和边材的边界	清晰	耐磨性	强
斑纹图案	鲜明虎斑	胶接性	良好
硬度状况	硬	干燥加工性	较困难

【分布】白橡木分布于阿巴拉契亚山南部、美国中南部地区。

白橡木酒桶最适合酿造威士忌或白兰地

> white oak，chestnut oak，post oak，overcuo oak，
> swamp shestbut oak，bur oak，chinkapin oak，
> swampwhite oak

以上树种统称为白橡木。

白橡木的导管孔中带有侵填体结构，制作成的酒桶等不会漏液但透气。这种特性使其最适合用于酿造威士忌或白兰地，白橡木中所含的单宁溶解于酒中，酿造出醇香气味。

加工性优良，具有与日本栎树相同的木纹，其中虎斑特别大。用途方面，大多用于制作桌椅等家具；或者削薄加工成单板、胶合板粘贴于阻燃基材上，作为装饰材有广泛用途。

人工干燥时内部应力可能导致其开裂，这一点需要注意。

白橡木的特性使其最适合用于制作酿造威士忌或白兰地的酒桶。最近，其酒桶还被作为家具等再利用。

树名	红橡木		
分类	壳斗科栎属（环）	锯加工性	较困难
心材颜色	红褐色（无侵填体）	刨加工性	较困难
边材颜色	白色	耐腐蚀性	弱
心材和边材的边界	清晰	耐磨性	强
斑纹图案	鲜明虎斑	胶接性	良好
硬度状况	硬	干燥加工性	困难

【分布】红橡木分布于美国东部。

红橡木 red oak

壳斗科栎属（环）

拉丁学名：*Quercus rubra*

木材收缩剧烈且干燥管理较难的树种

> northern red，scarlet，shumard，pin，nuttall，black，
> southernred，water，cherrybark，laurel，willow

　　以上树种统称为红橡木。导管孔中没有侵填体，锯材加工法与白橡木迥异。

　　用途方面，防腐处理后可用于制作铁道枕木、坑木、牧场栅栏等，此外还广泛用于制作地板、棺木、农机具、工具的木柄等。材质比白橡木硬，幼木的木纹致密且精美。木材收缩剧烈，属于干燥管理困难的树种。

树名	绿心木		
分类	樟科绿心樟属（散）	锯加工性	金属机械加工
心材颜色	绿褐色	刨加工性	金属机械加工
边材颜色	浅绿色	耐腐蚀性	高耐腐蚀
心材和边材的边界	不清晰	耐磨性	强
斑纹图案	不清晰	胶接性	不良
硬度状况	超硬	干燥加工性	困难

【分布】绿心木的产地是靠近巴拿马的亚马孙河北侧，巴西也有产出。

绿心木 green heart

樟科绿心樟属（散）

拉丁学名：*Ocotea rodiei*

在水中具有较强耐久性

　　正如其名，木材呈绿色。其属性特殊，完全不接受药剂的注入或浸入，是一种不易燃的木材。

　　加工困难，必须使用金属加工机。干燥后木材产生的粉尘容易引起鼻黏膜过敏。在水中的耐腐蚀性强（尤其是耐海水），所以最适合用于建造船坞、水门、埠头、桥梁、支柱。也不受贝壳虫的蛀蚀，且不被腐蚀。频繁接触药剂的场所（制药公司的研究所）可使用绿心木制作木地板。

　　耐用年数极其长，但没有准确数据。

日本石柯

壳斗科柯属（环）

拉丁学名：*Lithocarpus edulis*

树名	日本石柯		
分类	壳斗科柯属（环）	锯加工性	容易
心材颜色	浅灰黄白色	刨加工性	容易
边材颜色	浅灰白色	耐腐蚀性	弱
心材和边材的边界	不清晰	耐磨性	强
斑纹图案	不清晰	胶接性	良好
硬度状况	硬	干燥加工性	较困难

【分布】日本石柯自然生长于日本纪伊半岛以西、四国、九州、冲绳等地。

作为硬木炭原料的硬质木

　　日本九州有一种前端中央尖锐的木工锯，其刀片形似日本石柯的树叶。

　　木材火力非常强，燃烧时发出强烈的"噼啪"声。千叶地区有人工种植的日本石柯，用作煮羊栖菜或鲣鱼的燃料。此外，渔船拖拽上岸时铺设于倾斜面的枕木多使用日本石柯木材制作。

　　日本石柯木材制作的渔船的船桨也是越用越结实。但其木材接触地面后不耐腐蚀，通常不用于建筑中。

枇杷

蔷薇科枇杷属（散）

拉丁学名：*Eriobotrya japonica*

树名	枇杷		
分类	蔷薇科枇杷属（散）	锯加工性	较困难
心材颜色	浅橙色	刨加工性	容易
边材颜色	白色	耐腐蚀性	强
心材和边材的边界	清晰	耐磨性	强
斑纹图案	不清晰	胶接性	良好
硬度状况	黏、硬	干燥加工性	困难

【分布】枇杷分布于日本本州、九州、四国、冲绳等地。

黏性强的木刀材

　　属于苹果亚科的枇杷为常绿乔木，粗木较少。枝叶较多，且树干也有弯曲。

　　材质非常黏，干燥后超硬。传言被枇杷制作的木刀击中会伤至骨头，而且曾经只有警察才能申请佩带枇杷木刀。原材切割后呈奶黄色，树液涌出后变为其果实一般的浅橙色。木材干燥后稍带褐色，可用作耐冲击材料。

　　锯材几乎没有用途，截锯之后可用于制作置物台或小摆件等。

树名	鸡桑		
分类	桑科桑属（环）	锯加工性	较困难
心材颜色	带黄红褐色	刨加工性	较困难
边材颜色	浅黄白色	耐腐蚀性	强
心材和边材的边界	清晰	耐磨性	强
斑纹图案	不清晰	胶接性	良好
硬度状况	黏、硬	干燥加工性	困难

【分布】鸡桑在日本全境均有种植。

鸡桑

桑科桑属（环）

拉丁学名：*Morus bombycis*

御藏岛材最高级

鸡桑用于养蚕，在日本全境栽培。其果实可食用，且特别美味。

锯材可区分为山桑、内陆桑、岛桑，其中岛桑还需进一步区分。特别是伊豆七岛之一的御藏岛出产的桑木，严酷的气候环境塑造出的精美木纹及木色备受推崇，其被视作桑木中的最高级材。此外，原产自小笠原群岛的桑木也因其独特颜色及木纹，明治时代开始便被大量采伐用作地板框材，现在则是极为珍贵的木材。

茶具柜、长方形火盆、矮饭桌（三大日式家具）中，鸡桑木的茶具柜最为珍贵。长方形火盆和矮饭桌最适合使用榉木制作，但鸡桑木的外观精美、润滑，且越使用光泽越好，常年使用后更是精美异常。此外，还可用于制作梳妆镜、木鱼等。

鸡桑木制作的大木鱼价值极高，长久使用后成为精品，其光泽和音色均属上乘。伊豆修善寺的珍贵藏品中，就有鸡桑木茶碗及筷子。茶碗内侧的浸色层次分明，外侧也会被手油磨出光泽，令人爱不释手；茶碗与瓷器不同，茶水的高温不会烫手，且保温性良好，不慎掉落也不会破损。

在江户时代，鸡桑木是必不可少的把玩件用材。

使用鸡桑木制作的茶具柜。在需要高超技艺的把玩件业界，这是一种必不可少的木材。

蛇桑 snake wood

桑科蛇桑属（散）

拉丁学名：*Piratinera guianensis*

树名	蛇桑		
分类	桑科蛇桑属（散）	锯加工性	困难
心材颜色	深黑褐色	刨加工性	困难
边材颜色	灰白色	耐腐蚀性	强
心材和边材的边界	清晰	耐磨性	强
斑纹图案	不清晰	胶接性	良好
硬度状况	超硬	干燥加工性	困难

【分布】蛇桑仅在南美洲的法属圭亚那及其周边有少量分布，被誉为"木材中的钻石"。

蛇鳞片般的花纹

其数字排列般的花纹好似蛇的鳞片，所以称之为蛇桑。直径只有 25~30cm，边材没有价值，切割出的心材圆木可售卖。

木纹精致的木材加工成手杖，价值极高。可用于制作外观奇异的木刀，但仅限于装饰品。还可用于制作小提琴的弓部，但巴西木更上乘。

密度为 1.22g/cm³（或稍重），可以说是陆地上最重的木材。木材容易从木纹处剥离，加工过程中存在被切削的危险。

刨加工方面，竖刨可加工出非常精美的饰面。车床加工也能获得较佳的效果。

蛇桑产量小、入货量有限，所以流通不多，是一种较难获取的木材。此木材以重量单位售卖。

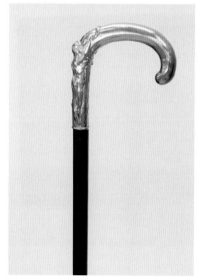

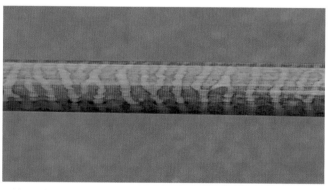

手杖的最高级材，极其珍贵。奢侈品店中价格超过五万元人民币的手杖并不罕见。

树名	大绿柄桑		
分类	桑科绿柄桑属（散）	锯加工性	较困难
心材颜色	黄褐色、金黄色	刨加工性	较困难
边材颜色	白色	耐腐蚀性	强
心材和边材的边界	清晰	耐磨性	强
斑纹图案	不清晰	胶接性	不良
硬度状况	硬	干燥加工性	良好

【分布】大绿柄桑分布于非洲西海岸几内亚至东海岸莫桑比克、坦桑尼亚一带。

大绿柄桑 iroko

桑科绿柄桑属（散）

拉丁学名：*Chlorophora excelsa*

非洲的强耐腐蚀木材之一

大绿柄桑是广泛分布于非洲热带地区的商用材，西海岸地区是主产地。它是非洲材中最有名的木材之一，是第一级的大木。别名为非洲黄金木。

边材和心材的边界清晰，边材呈白色；心材呈黄褐色，接触日光后立即变成金黄色。木材会显现出纤细的浅色条纹。

通常，将没有价值的边材切除后出口。纹理粗，具有交错木理，表面似油状。同种材中，还有带奶香气味的品种。

干燥后性质良好且开裂、变形少，是一种缺点少的木材。木材中包含白色石灰石块，锯切加工时可能导致刀片损伤。

木材的耐久性良好，对褐粉蠹、白蚁具有良好的抵抗力。

带皮圆木容易出现细孔，所以边材需要尽早切掉。需要注意，人接触其木粉时可能过敏。作为一种强耐腐蚀的大木材，可用于制造船舶、桥梁、海中构造物、排水沟板、车辆、房屋等，其中带有丝带纹的作为家具材具有广泛用途。

日本的木甲板也使用大绿柄桑木制作。作为强耐腐蚀木材，在海洋等容易受盐害的环境中被较多使用。

樟树

樟科樟属（散）

拉丁学名：*Cinnamomum camphora*

树名	樟树		
分类	樟科樟属（散）	锯加工性	较困难
心材颜色	带黄红褐色	刨加工性	较困难
边材颜色	浅黄白色	耐腐蚀性	弱
心材和边材的边界	较清晰	耐磨性	中等
斑纹图案	不清晰	胶接性	良好
硬度状况	中等	干燥加工性	较困难

【分布】樟树在日本关东至若狭弯线以南自然生长，九州及中国台湾也有分布。

能够提取防虫剂"樟脑"的木材

在日本九州的鹿儿岛县、熊本县、宫崎县，有被指定为自然遗产的大木。

樟树并不属于硬质材，或可归为软质材的门类，且其用途也符合此门类。《古事记》中有文："素戈呜尊拔掉自己的几根胸毛，散布于日本列岛，便长出了杉、桧、松、樟。"古代，樟树的大木较多，将其树干挖空可制作成木舟。

从樟树中还能提取到衣物防虫剂"樟脑"。樟树是应压较为严重的木材，制作成薄板使用时会发生翘曲，干燥过程中需要注意。

大木容易保存，多用于雕刻佛像。平木纹中容易出现漂亮的木纹，寺庙建筑中多使用这种木材，最为常见的便是樟木栏杆、雕刻墙等。红楠和樟木都是制作木鱼的优质木材，作为日式造船材也被广泛认可，可用于制作船缘或船的外壳。

樟木也被用于制作壁龛中的支柱、地板、顶棚板、天花板等。此外，还经常用于制作门扇等，用途广泛。樟木容易出现交错木纹，直木纹中出现逆向纹的木材较多。直木纹木材在刨加工时会出现逆向纹。应压部开始干燥时会出现细微开裂，无法复原。

樟树的细枝较多，容易形成木瘤。这种木瘤的木纹（瘤杢）精美，其木材可用作高级内部装饰材。

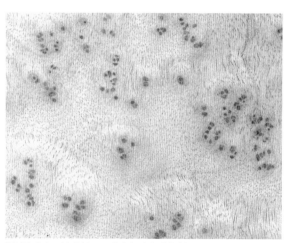

樟树的瘤杢，该木材可用作高级内部装饰材。

树名	坤甸铁樟		
分类	樟科铁樟属	锯加工性	困难
心材颜色	暗褐色	刨加工性	困难
边材颜色	浅黄色	耐腐蚀性	强
心材和边材的边界	清晰	耐磨性	强
斑纹图案	不清晰	胶接性	良好
硬度状况	硬	干燥加工性	困难

【分布】坤甸铁樟分布在印度尼西亚、马来西亚、菲律宾。

坤甸铁樟 ulin

樟科铁樟属

拉丁学名：*Eusideroxylon zwageri*

又称"iron wood（铁树）"的木材

坤甸铁樟的边材呈浅黄色，之后可能变为暗褐色，但是比心材颜色要浅，所以心材和边材的边界很清晰。

从 1950 年到 1996 年，坤甸铁樟被禁止出口，因此在日本，坤甸铁樟属于并不为人所熟知的木材。由于其优异的耐水性，在产地常用于建造水上房屋的根基、栈桥等。

坤甸铁樟干燥时收缩较大，干燥速度较慢，以干燥后品质并不会降低而著称。

坤甸铁樟的材质硬，具有一定的强度，拧入螺钉时需要预先打好底孔。

坤甸铁樟的耐水性、防虫性很强，甚至对白蚁和凿船虫都具有抵抗力。在日本主要用作建筑物的外部用木材，可制成木甲板、栅栏、公园或店铺的地板等。

坤甸铁樟在产地被称作具有百年耐久性的木材，同时也是在欧美备受赞誉的木材。

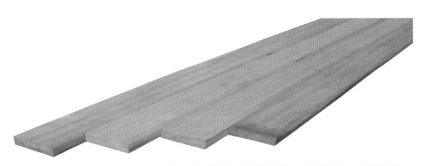

图为用坤甸铁樟木制成的甲板。坤甸铁樟由于具有耐久性，且防虫性较强，所以是最适合户外使用的木材之一。

红楠 red laurel

樟科润楠属（散）

拉丁学名：*Machilus thunbergii*

树名	红楠		
分类	樟科润楠属（散）	锯加工性	较困难
心材颜色	带黄红褐色	刨加工性	较困难
边材颜色	浅褐色、灰白色	耐腐蚀性	强
心材和边材的边界	不清晰	耐磨性	强
斑纹图案	不清晰	胶接性	不良
硬度状况	硬	干燥加工性	困难

【分布】红楠分布在日本的本州中南部以南，但是日本海、太平洋的沿岸，直到青森县均有红楠生长。沿着河岸深入内陆地区均有红楠分布。广泛分布在朝鲜半岛、中国台湾、中国大陆的南部。日本濑户内海地区没有红楠分布。

常出现如轮杢、玉杢的木材

利用红楠的树皮可以制得用于固定线香的红楠粉。

红楠木材的用途与樟树基本相同，可用于制作家具、地板、枕木、木鱼等。红楠不论木纹还是色调都与樟树极为相似，但是比樟树硬度更大。干燥加工困难，因此不能用于雕刻。

红楠木材中常出现如轮杢和玉杢，瘤杢中"美栏"和"舞葡萄"最有观赏价值，其木材用于制作花瓶台座等装饰品，非常受欢迎。

在以日本八丈岛为中心的伊豆诸岛上，因为能从红楠的树皮中提取"黄八丈"染料，所以人们非常重视培育红楠。

图为用红楠实木制成的餐桌。利用单独一张木板原汁原味地制作成桌面，展现纯粹自然的质感和感染力。

树名	南美铁线子		
分类	山榄科铁线子属	锯加工性	较困难
心材颜色	红色至浅紫红褐色	刨加工性	困难
边材颜色	黄褐色	耐腐蚀性	强
心材和边材的边界	清晰	耐磨性	强
斑纹图案	不清晰	胶接性	良好
硬度状况	超硬	干燥加工性	困难

【分布】南美铁线子分布在南美洲的巴西。

南美铁线子

macaranduba,
manilkara

山榄科铁线子属

拉丁学名：*Manilkara huberi*

具有极佳耐朽性的外装材

　　南美铁线子别名亚马孙樱树，又名红檀。边材为黄褐色，心材呈红色至浅紫红褐色，表面略带光泽。心材和边材的边界清晰，材质超硬。南美铁线子是一种原产自南美洲的木材，以耐朽性强、强度高著称，对腐烂和凿船虫侵害具有极强的抵抗力，防白蚁的能力也比较强。与褐色钟花树和坤甸铁樟一样，用作木甲板或木板人行道的原料，获得了很高的评价。

　　即使是未经防腐、防虫处理的南美铁线子木材，也能保持20年以上的耐朽性。南美铁线子的树皮非常美丽，呈漂亮的红褐色，如果在室外使用，这种美丽的颜色就会逐渐褪去。

　　南美铁线子的木材翘曲程度略大，干燥时需要注意。因为硬度非常高，所以在进行拧入螺钉等作业的时候，一定要预先打好底孔。

即使是未经防腐、防虫处理的南美铁线子木材，也能保持20年以上的耐朽性，因此用作木甲板或木板人行道的原料时非常受欢迎。

榄仁树

huanuan，laurel wood，
terminalia

使君子科诃子属（散）

拉丁学名：*Terminalia catappa*

树名	榄仁树		
分类	使君子科诃子属（散）	锯加工性	较困难
心材颜色	绿浅黄色至黄褐色	刨加工性	较困难
边材颜色	灰黄白色	耐腐蚀性	弱
心材和边材的边界	不清晰	耐磨性	弱
斑纹图案	不清晰	胶接性	弱至中等
硬度状况	中等	干燥加工性	容易至较困难

【分布】榄仁树分布在东南亚全境及巴布亚新几内亚、所罗门群岛等地。

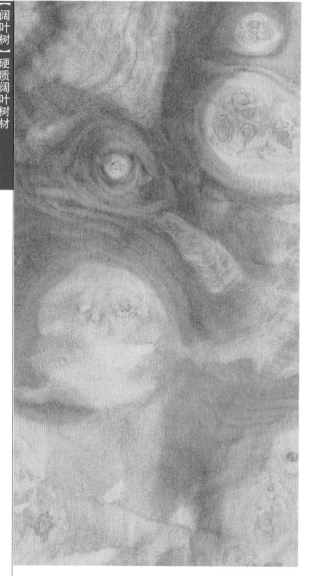

呈现火焰般美丽花纹的木材

榄仁树的流通商品名为 laurel，树种名为 terminalia。南美洲及地中海沿岸生长的 laurel（月桂树）属于樟科，是完全不同的另一个树种，请注意不要将二者混淆。

榄仁树木材的色调差异非常大，边材和心材的边界不清晰。

榄仁树的树皮纹理在略精细至粗糙之间，心材颜色为绿浅黄色至黄褐色。因为具有明显的交错木理，所以产生了火焰状的木纹。这种美丽的火焰木纹正是其珍贵之处。

由于是交错木理，所以榄仁树的木材在刨削性、胶接性等方面多少有些劣势，干燥加工性在容易到较难之间。易产生裂缝和翘曲，耐久性较差，因此对白蚁的抵抗力也较差。

榄仁树的主要用途是充分发挥其木纹的优势，用于制作内部家装用装修胶合板、钓具、箱子、工艺品、装饰品等。

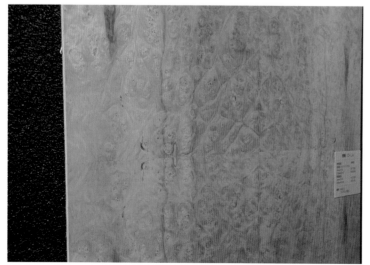

图为榄仁树木材制成的装修胶合板。利用其鲜明的木纹，其木材可用于内部家装。

树名	毛榄仁树		
分类	使君子科诃子属(散)	锯加工性	中等
心材颜色	浅褐色、红褐色、暗褐色	刨加工性	较困难
边材颜色	浅灰褐色	耐腐蚀性	中等
心材和边材的边界	清晰	耐磨性	良好
斑纹图案	不清晰	胶接性	良好
硬度状况	硬	干燥加工性	较困难

【分布】毛榄仁树分布在印度、东南亚全境和巴布亚新几内亚。

毛榄仁树 rok-far

使君子科诃子属（散）

拉丁学名：*Terminalia tomentosa*

可用作黑檀的代用木材的热带树木

毛榄仁树是使君子科诃子属的一种，根据产地的不同，木材的色调等方面存在个体差异，因此没有可以代表该树种的总称。广泛分布在印度、东南亚全境和巴布亚新几内亚的各树种和木材都有各自的通称。

毛榄仁树是泰国产的诃子属木材，一般为中径木，但有时会出现直径80cm左右的大径木。这种木材的色调个体差异非常大，边材呈浅灰褐色，心材呈浅褐色或红褐色，有时还会呈暗褐色，有深色的条纹。树皮纹路略精细，木理通直，有的树种会呈现明显的交错木理。

毛榄仁树的材质硬，但是强度中等，一般加工性中等。有明显交错木理的木材，在刨削性和胶接性方面略有劣势。

毛榄仁树的木材较难干燥，容易产生裂缝和翘曲，耐久性一般为中等，对白蚁等的抵抗能力较差。

利用毛榄仁树木材独特的色调，可将其用作高级地板材、家具材、建筑装修材、黑檀的代用品等。

图为毛榄仁树木材制成的地板。它由于具有沉稳素净的色调，因此被用作高级地板材。

日本黄杨

黄杨科黄杨属（散）

拉丁学名：*Buxus microphylla* var. *japonica*

树名	日本黄杨		
分类	黄杨科黄杨属（散）	锯加工性	较困难
心材颜色	金褐色	刨加工性	困难
边材颜色	浅黄褐色	耐腐蚀性	强
心材和边材的边界	不清晰	耐磨性	强
斑纹图案	不清晰	胶接性	良好
硬度状况	超硬	干燥加工性	困难

【分布】仅在日本宫城县、山形县以南的本州和四国地区，以及九州温暖的石灰岩、蛇纹岩地带的局部地区有日本黄杨生长。主要产地为伊豆诸岛中的御藏岛、三宅岛等。

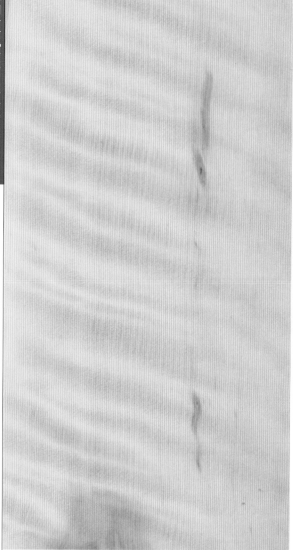

难以买到的高级木材

日本黄杨的主要产地为日本爱知县的八名郡甚古山、福冈县的嘉穗郡古处山、长崎县的下县郡阿连白山和伊豆诸岛中的三宅岛、御藏岛等。鹿儿岛县出产一种名为萨摩黄杨的庭院木。中国的台湾黄杨是黄杨科的木材，因为成长较快，所以有种植林。

日本黄杨又名黄杨，用其制成的梳子称为黄杨梳，以表明其真材实料。从御藏岛采伐的黄杨木是制作梳子的最佳木材。

日本黄杨的用途中最有名的是制作梳子、印章、将棋的棋子，也可以制作算盘珠、刷子柄、黄油刀柄、叉子、坠子、量规、尺子、三味线的拨子和假牙等。另外，日本黄杨还可用于制作制图仪器、测量用具的重要构件，也常用于制作木管乐器的管。版画的砧木以樱木为主体，但是需要细线的部位会用日本黄杨木作为樱木中的楔子。雕刻精密细致的佛像时，也常使用日本黄杨木。

日本黄杨是产自日本的树木中材质最为细密且均匀的树种。

用日本黄杨木制作的将棋棋子被视为高级品。其中，用鹿儿岛县的萨摩黄杨和东京都御藏岛的岛黄杨的木材制作的将棋棋子被称为最高级品。

树名	番龙眼		
分类	无患子科番龙眼属（散）	锯加工性	容易
心材颜色	浅褐色或深褐色	刨加工性	容易
边材颜色	浅褐色	耐腐蚀性	中等
心材和边材的边界	不清晰	耐磨性	中等
斑纹图案	不清晰	胶接性	良好
硬度状况	硬	干燥加工性	较困难

【分布】番龙眼广泛分布在斯里兰卡、东南亚大陆部分、印度尼西亚、巴布亚新几内亚。

番龙眼 taun，matoa

无患子科番龙眼属（散）

拉丁学名：*Pometia pinnata*

巴布亚新几内亚的著名树木

巴布亚新几内亚作为番龙眼储量最丰富的产地而著称。番龙眼木材色调富于变化，从浅褐色到深褐色带浅紫色，都是常见的色调。

番龙眼的边材较窄，边材与心材的边界不清晰。如果是有交错木理的番龙眼木材，直木纹中会出现缎带木纹。树皮略精细。不同产地的番龙眼木材性质都类似，具有优异的弯曲加工性，加工都比较容易。经过良好的加工后富有光泽。

因为番龙眼木材在干燥时容易翘曲或下陷，所以需要特别注意。耐久性中等，用途包括制作家具、地板、工具手柄、橱柜等。注意，番龙眼木材极易被欧洲竹粉蠹侵蚀。

防止森林减少和违法采伐

日本能够从世界各国进口木材，各种各样的木材均能购买得到。但是考虑到全球规模的环境保护和森林可持续发展，采伐和流通的透明性已成为重要的课题。基于《绿色购入法》，日本政府于 2006 年 4 月开始采取措施，优先采购能证明合法性和可持续性的木材和木材制品（作为政府的筹备物资）。

为了防止民间违法采伐树木，政府积极购入能够证明合法性和可持续性的木材，这一措施备受瞩目。

合法木材

在森林减少已成为世界性问题的今天，防止无序、违法采伐的对策正由两国间、地区间以及多国间协力推进。具体来说就是提出各种对策，如制定与森林相关的法令，在圆木产地各国或各地区进行合法的采伐，从采用可持续性森林经营模式经营的森林中产出木材，进而将可以证明合法性和可持续性的木材进行管理，避免与违法木材相混淆。另外，建立各种第三方机构的评价认证制度，作为对经营森林和加工木材、木制品的从业者进行评价和认证的机制。

在这样的管理体制下经营的木材被称为合法木材。

FSC（Forest Stewardship Council）森林管理协会

FSC 作为对经营森林和加工木材、木制品的从业者进行评价和认证的第三方机构，是一个致力于加强世界范围内的森林管理，以实现保护环境、方便社会、经济可持续发展的国际机构。

该机构主要进行两个认证：一是"森林管理认证"，授予对象是按照 FSC 森林管理基准规定实施管理工作的森林管理者或森林所有者；二是"CoC 认证"，适用于 FSC 认证产品的制造者、加工者、贸易者，在整个生产链范围内，确保所有 FSC 认证原料及产品标示的有效性。这些认证系统正在推进对环境更加友好的森林管理、给社会带来更多便利的森林管理和实现经济可持续发展的森林管理。

小鞋木豆 zebrawood

豆科小鞋木豆属（散）

拉丁学名：*Microberlinia brazzavillensis*

树名	小鞋木豆		
分类	豆科小鞋木豆属（散）	锯加工性	容易
心材颜色	带浅黑色条纹图案的浅黄褐色	刨加工性	困难
边材颜色	白色	耐腐蚀性	强
心材和边材的边界	清晰	耐磨性	强
斑纹图案	不清晰	胶接性	良好
硬度状况	硬	干燥加工性	超困难

【分布】产地为非洲热带雨林，在坦桑尼亚米欧波（Miombo）森林中，大范围分布着野生小鞋木豆。

将直木纹木材加工成锯材，充分利用条纹图案

小鞋木豆可生长到直径 1m 左右，边材呈醒目的白色。平木纹木材的条纹不清晰，因此可用直木纹木材加工成锯材或刨切单板。

小鞋木豆的锯材加工比较容易，但是机械刨加工却很困难。木纹交错，扭曲较多，因此加工时有些部位会突然"嘎巴"一下出现豁口。小鞋木豆多回旋木纹，因此干燥加工非常困难。单独使用实木时，因为干燥后会收缩，所以进行充分的干燥非常重要。

面积较大的小鞋木豆木材与番龙眼一样，用于制作桌面等，面积较小的则用于制作室内的小物件。其条纹图案非常美丽，因为具有像斑马条纹一样的木纹，所以它又被称为"zebrawood（斑马树）"。常加工成刨切单板，用于制作高级家具或作为内装材等。

可将小鞋木豆的美丽木纹图案用于灯架的外罩。

树名	军刀豆		
分类	豆科军刀豆属	锯加工性	较困难
心材颜色	深茶褐色	刨加工性	较困难
边材颜色	黄灰色	耐腐蚀性	强
心材和边材的边界	清晰	耐磨性	强
斑纹图案	不清晰	胶接性	良好
硬度状况	重硬	干燥加工性	较困难

【分布】军刀豆分布在南美北部地区。

军刀豆 purple wood，morado

豆科军刀豆属

拉丁学名：*Machaerium scleroxylon*

拥有多个流通名的木材

　　purple wood 作为军刀豆的流通名，是对其木材的称呼，树种的英文名为 morado。作为其商业名称的别名有 Santos rosewood、Bolivian rosewood 等，但是军刀豆和 rosewood（黄檀木）是完全不同的两个树种。

　　军刀豆材质重硬，有一定的强度，对菌类的侵蚀具有较强的抵抗力，耐久性也较强。干燥加工较困难。

　　军刀豆木纹细致，能得到美丽的加工面。

　　军刀豆木材主要用于制作内装用刨切单板、胶合板、地板、家具、乐器、室内装修的线脚、工艺品、装饰品等。

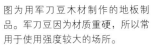

图为用军刀豆木材制作的地板制品。军刀豆因为材质重硬，所以常用于使用强度较大的场所。

紫心木 purple heart

豆科紫心苏木属（散）

拉丁学名：*Peltogyne* spp.

树名	紫心木		
分类	豆科紫心苏木属（散）	锯加工性	中等
心材颜色	紫褐色至深紫色	刨加工性	中等
边材颜色	灰白色	耐腐蚀性	强
心材和边材的边界	清晰	耐磨性	强
斑纹图案	不清晰	胶接性	中等
硬度状况	硬	干燥加工性	中等

【分布】分布中心区位于巴西和亚马孙平原的北部中央，直到墨西哥均有紫心木分布。

具有独特色调的木材

紫心木的边材呈灰白色，有条纹木理；心材在新鲜时呈朴素的褐色或灰褐色，曝露于空气中之后会变成紫褐色至深紫色。木纹略显精细，木理一般笔直而通顺，很少有交错木理。

紫心木的材质硬，耐久性很强，对菌类和虫有较强的抵抗力。干燥加工的难度为中等，但是在直木纹方向容易产生扭曲。

由于耐久性和弹性较好，紫心木常用作承重结构用材和造船用材。充分利用其美丽的色调，可用于制作家具、装饰品、雕刻品、地板、台球杆等。

木材的技术和家具——"指物"

指物是一种日本全国范围内广泛流传的木工技术及其制品，尤其是江户指物、京指物、大阪唐木指物等最为著名。指物是指，像伸出手指插入一般将木板或木棒用榫头组合在一起的技术，以及利用这种技术制成的木制品。其组合的接头部分被称为"榫"，使用榫的方法有数十种，如"箍头榫""燕尾榫"等，能够物尽其用。

江户时代，居民消费水平开始提高，与此同时，江户指物也开始繁荣发展，制作衣橱、梳妆台、工具箱等指物的工匠聚集在江户，同台竞技。武士用，商人用，歌舞伎演员用，茶道、香道等各行各业专用的指物同时发展，使用桑木、榉木、梧桐木、柳杉木、水曲柳木、黄檗木、枳椇木、槐木、黑柿木等木纹鲜明的木材，制成了各种高级品。

大阪唐木指物最初使用奈良时代遣唐使带回来的珍贵木材制成，因此被称为"唐木"。据说"唐木"指的就是大阪唐木指物。大阪唐木指物也是使用传统技术手工制作而成的。

京指物是随着室町时代以后茶道的发展，由专门的指物师使用实木制作的高级家具，如日用具、茶道用具、圆形灯头盒等。

图为用指物技术制成的文具盒。盖子由神代水曲柳和日本七叶树的皱缩木纹的木材加上羽毛制成。

树名	交趾黄檀		
分类	豆科黄檀属（散）	锯加工性	困难
心材颜色	暗红带紫褐色	刨加工性	困难
边材颜色	灰白色	耐腐蚀性	强
心材和边材的边界	清晰	耐磨性	强
斑纹图案	不清晰	胶接性	良好
硬度状况	超硬	干燥加工性	困难

【分布】交趾黄檀分布于缅甸、柬埔寨、泰国、马来西亚等地。

交趾黄檀

豆科黄檀属（散）

拉丁学名：*Dalbergia cochinchinensis*

交趾黄檀木制作的佛坛、壁龛支柱也属于高档品

　　交趾黄檀也称唐木，唐木亦指紫檀、黑檀、铁刀木。壁龛支柱的高档品就是由交趾黄檀木制作而成的。而且，佛坛中价值最高的也是由交趾黄檀木制作的。

　　在地球另一端的巴西，还有称为"金檀木"的交趾黄檀的同种树，与产自东南亚的品种用途类似。

　　交趾黄檀木有较多交叉木纹，加工比印度阔叶黄檀更困难，使用自动刨盘加工会产生逆向纹。加工时最好使用手刨或砂轮。

　　交趾黄檀木多用于制作筷子、器皿、鞋拔子、佛具。

用交趾黄檀木制作的茶器。如此小的茶器也极具高级品相。

印度阔叶黄檀 Indian rosewood

豆科黄檀属（散）

拉丁学名：*Dalbergia latifolia*

树名	印度阔叶黄檀		
分类	豆科黄檀属（散）	锯加工性	较困难
心材颜色	带暗红紫褐色	刨加工性	较困难
边材颜色	灰白色	耐腐蚀性	强
心材和边材的边界	清晰	耐磨性	强
斑纹图案	不清晰	胶接性	良好
硬度状况	超硬	干燥加工性	较困难

【分布】在印度半岛西高止山脉周边可以采伐到纯种印度阔叶黄檀。斯里兰卡也出产一些良材。

制作高级家具及刨切单板的最高级材

印度阔叶黄檀是黄檀中具有代表性的木材。其略带紫色的独特色调的木材是最为珍贵的超高级木材。采伐限量，入货量少，所以交易价格高，且获取困难。

其密度大，锯切时阻力大，需要一定力量。干燥仅需要时间，且材色没有变化。

金属旋压加工容易，所有加工效果均良好。为了使木材表面平滑，需要堵住导管孔，并做好底层处理。涂油漆时可能出现油脂渗出现象，注意避免涂漆过多。

与巴西黄檀的材质完全相同，可制作小家具、室内装饰材料等，用途广泛。利用其木纹及色调，可用于制作工艺品、装饰品等。

有一种称作印度尼西亚黄檀的木材，虽然与印度阔叶黄檀属于同种木材，但性质存在一些差异。

黄檀并不是特定树种的名称，但大多略带玫瑰清香，木材颜色、材质近似。

印度的民间工艺品——使用印度阔叶黄檀木制作的象雕刻品。

树名	巴西黑黄檀		
分类	豆科黄檀属（散）	锯加工性	较困难
心材颜色	带紫暗红褐色	刨加工性	较困难
边材颜色	灰白色	耐腐蚀性	强
心材和边材的边界	清晰	耐磨性	强（含油性）
斑纹图案	不清晰	胶接性	良好
硬度状况	超硬	干燥加工性	困难

巴西黑黄檀 jacaranda, Brazilian rosewood

豆科黄檀属（散）

拉丁学名：*Dalbergia nigra*

【分布】巴西黑黄檀可从巴西东海岸的森林中采伐到。

◆巴西黑黄檀于 1992 年载入《华盛顿公约》附录 I 中。

制作工具的木柄等的木材

巴西黑黄檀木纹紧密，木材表面含油性且显出复杂纹路，无逆向纹。平木纹中也有妙趣横生的花纹。原材中会出现凹陷。气干密度 0.72g/cm³，干木材能够浮于水面。耐腐蚀和白蚁侵蚀，但针对此属性使用的例子不多，大多加工成刨切单板专用于制作装饰胶合板。制作刳物效果最佳，还被用于制作台球杆、工具的木柄等。此外，还可用于雕刻或装饰等，可谓物尽其用。

目前，受《华盛顿公约》保护，巴西黑黄檀已成为禁止采伐的木材，圆木、锯材品均禁止进出口。

手提箱的外壳使用巴西黑黄檀的装饰胶合板制作。

印度尼西亚阔叶黄檀

Indonesia rose，sonokeling

豆科黄檀属

拉丁学名：*Dalbergia latifolia* Roxb.

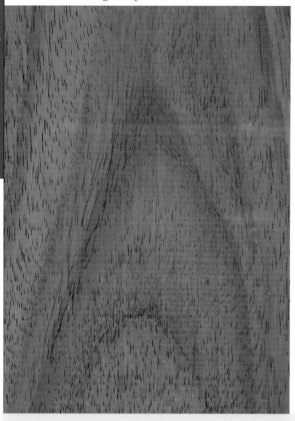

树名	印度尼西亚阔叶黄檀		
分类	豆科黄檀属	锯加工性	中等
心材颜色	红紫色	刨加工性	中等
边材颜色	黄色	耐腐蚀性	中等
心材和边材的边界	清晰	耐磨性	强
斑纹图案	不清晰	胶接性	良好
硬度状况	硬	干燥加工性	较困难

【分布】印度尼西亚阔叶黄檀分布于印度尼西亚。

产自印度尼西亚的黄檀

在印度尼西亚被称为 sonokeling 的黄檀，和印度阔叶黄檀基本无异，但木材色调较浅，材质稍差。材质硬，且具有一定强度。加工效果良好，且耐久性几乎可匹敌印度阔叶黄檀。

可制作高级装饰物品、家具、乐器、把玩件、佛具、工艺品等，具有广泛用途。

与树木相关的词语

【瓜田李下】意指正人君子要主动远离一些有争议的人和事，避免引起不必要的嫌疑。泛指容易引起嫌疑的地方。

【松柏之寿】比喻长寿。

【桃三李四】谓栽桃树三年结实，栽李树四年结实。意思是多思无益，不如读书。

【人面桃花】形容男女邂逅钟情，随即分离之后，男子追念旧事的情形。

【桂林一枝】桂花林中的一枝花。原为晋时郤诜的自谦语，后称誉人才学出众。

【林下风气】林下：幽僻之境；风气：风度。指女子态度娴雅、举止大方。

【木人石心】形容意志坚定，任何诱惑都不动心。

【寻花问柳】花、柳：原指春景，旧时亦指娼妓。原指赏玩春天的景色，后旧小说用来指宿娼。

树名	非洲紫檀		
分类	豆科紫檀属（散）	锯加工性	容易
心材颜色	亮红褐色	刨加工性	容易
边材颜色	灰白色	耐腐蚀性	强
心材和边材的边界	清晰	耐磨性	强
斑纹图案	不清晰	胶接性	容易
硬度状况	硬	干燥加工性	困难

【分布】非洲紫檀是分布于非洲热带雨林的大径木。

非洲紫檀 padouk

豆科紫檀属（散）

拉丁学名：*Pterocarpus soyauxii* Taub.

拉丁学名：*Pterocarpus soyauxii* Taub.

产地及性质均不同的花梨和非洲紫檀

直径超过 2m 的木材并不罕见。与花梨稍有差异，树芯如柳安般柔软，不可使用。鲜艳的红褐色木材，曝露于阳光下会褪色。木材表面涂上聚氨酯涂料，避免接触外部空气，并在避免阳光直射的场所使用的话，可以减缓褪色。

主要用途是制作壁龛支柱、错位架、玄关台阶等。大径木多，边材和亮红褐色的心材映衬出美感，适用于制作桌椅或组合柜。

加工容易。干燥过程中平木纹木材会干裂，需要做相应处理。

非洲紫檀木还可用于制作木琴等乐器。

大果紫檀

豆科紫檀属（散）

拉丁学名：*Pterocarpus macrocarpus*

树名	大果紫檀		
分类	豆科紫檀属（散）	锯加工性	困难
心材颜色	暗红褐色	刨加工性	困难
边材颜色	灰白色	耐腐蚀性	强
心材和边材的边界	清晰	耐磨性	强
斑纹图案	不清晰	胶接性	良好
硬度状况	超硬	干燥加工性	困难

【分布】大果紫檀分布于东南亚、印度等地。

与日本产的花梨完全不同

将日本产的花梨的果实用砂糖腌渍，可酿制果实酒。

大果紫檀和印度阔叶黄檀等同为豆科的唐木，生长于中南半岛的可成大木。紫檀、黑檀等大径木不多，但直径超过1m的大果紫檀并不罕见。

用途广泛，可用于制作佛坛、壁龛支柱、框材、地板、天花板、组合柜、刳物、器皿、筷子等。颗粒状木纹的木材，可制作桌椅、屏风、花台的高档品。

平木纹、直木纹的木材加工性均良好，但含有交错木理的木材需要注意加工时的逆向纹。木材色调因产地而异，有黄色或红褐色等，组合搭配时需注意。

木材的浸渍液在阳光下发出绚丽荧光，是大果紫檀的特征之一。

菲律宾也有大果紫檀。

↑缅甸产的大果紫檀根部含较大木瘤。其木纹称作瘤杢，该木材可用于制作屏风等的高级品。

←左图为红色的大果紫檀平木纹材。

树名	微凹黄檀		
分类	豆科黄檀属	锯加工性	容易
心材颜色	黄色、橙色、红褐色	刨加工性	容易
边材颜色	灰白色	耐腐蚀性	强
心材和边材的边界	清晰	耐磨性	强
斑纹图案	清晰	胶接性	良好
硬度状况	重硬	干燥加工性	较困难

【分布】微凹黄檀分布于墨西哥、巴拿马、哥斯达黎加、哥伦比亚等地。

微凹黄檀 cocobola

豆科黄檀属

拉丁学名：*Dalbergia retusa*

耐久性优秀、加工性良好的木材

同非洲黄檀是近亲，但木材色调完全不同，心材呈黄色、橙色及红褐色。木材上有黑色条纹或斑纹，独特花纹是其珍贵所在。

木材非常重且硬，加工反而并不困难，锯切性良好。油脂较多，附着性较差。干燥后属性非常稳定，耐久性优秀。

微凹黄檀是制作吉他等乐器、首饰盒、刨切单板、内饰板、刀具木柄等的重要木材之一。加工时产生的粉末会导致皮肤出现炎症或被染成橙色，需要充分留意。

树名	帕拉芸香		
分类	芸香科帕拉芸香属	锯加工性	容易
心材颜色	黄色或玫瑰色	刨加工性	容易
边材颜色	黄白色	耐腐蚀性	强
心材和边材的边界	不清晰	耐磨性	强
斑纹图案	不清晰	胶接性	良好
硬度状况	重硬	干燥加工性	容易

【分布】帕拉芸香仅分布在巴西的帕拉州东部和南部的亚马孙河流域，基本在当地消费。

帕拉芸香 amarello

芸香科帕拉芸香属

拉丁学名：*Euxylophora paraensis*

黄色树皮的俊丽木材

帕拉芸香的精美树皮是其特点。需要注意的是，在巴西还有其他几种木材也称作帕拉芸香。

心材和边材的边界并不清晰。心材呈鲜艳的黄色或玫瑰色，长时间曝露于自然环境中颜色变深；边材则是黄白色。树皮纹路较粗，木纹并不通直且不规则，有光泽。

干燥容易，没有什么缺点。它是重且硬的木材，加工却比较容易，材面处理效果佳，黏合也不成问题。

用途方面，可用于制作家具、窗框、内装材、地板、器具木柄、体育用品等。

甘巴豆 kempas

豆科甘巴豆属

拉丁学名：*Koompassia malaccensis* Benth.

树名	甘巴豆		
分类	豆科甘巴豆属	锯加工性	困难
心材颜色	红橙色	刨加工性	良好
边材颜色	浅黄色	耐腐蚀性	强
心材和边材的边界	清晰	耐磨性	强
斑纹图案	不清晰	胶接性	一般
硬度状况	重硬	干燥加工性	困难

【分布】甘巴豆原产于马来西亚马六甲。分布于泰国南部、马来半岛、加里曼丹岛。

地板或重结构材中使用的重硬材

心材和边材的边界清晰。清新质感的木材呈砖红色且略带橙色，接触空气后偏黄色。

木理交错，平木纹呈细微条纹状。作为重硬木材，干燥时切口具有开裂的倾向，但干燥导致的缺陷较少。

强度高，手锯加工困难，但刨切加工效果良好。

容易受白蚁侵害，耐久性反而较强，且防腐剂容易注入。

用途方面，药剂注入材最适合用作枕木。重结构材、地板中也有使用。

加工成地板的甘巴豆木材。它具有很高的强度，是最适合制作地板的木材。

非洲崖豆木 wenge

豆科崖豆藤属（散）

拉丁学名：*Millettia laurentii*

树名	非洲崖豆木		
分类	豆科崖豆藤属（散）	锯加工性	容易
心材颜色	黑紫褐色	刨加工性	容易
边材颜色	白色	耐腐蚀性	强
心材和边材的边界	清晰	耐磨性	强
斑纹图案	不清晰	胶接性	良好
硬度状况	脆、硬	干燥加工性	较困难

【分布】非洲中部的刚果（金）为非洲崖豆木的主产地，从莫桑比克以"Panga panga"之名出口。

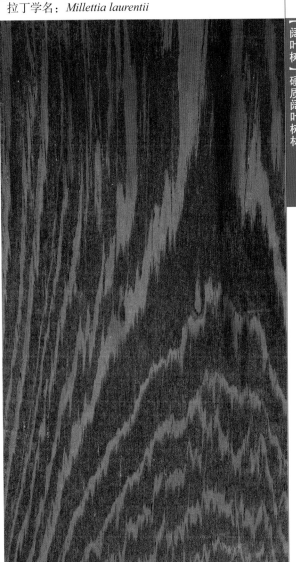

可制作工具的木柄等，用途广泛

按照法语发音，也称作"wenge"。木纹同黑黄檀极其相似，大多用作其（黑黄檀）替代木材。

切、削、锯加工均不困难，但纤维容易开裂，木屑容易刺手，加工时需要注意。

染色或脱色之后，巧妙利用木纹，可广泛用于制作家具的面板、壁龛支柱、内装材、门窗等。地板材中也有使用。

室外使用时需要注意，雨水淋湿后树中成分会使石材或混凝土变色。此外，随着时间的推移，木材会产生细裂纹或变色。木材燃烧后火力强，在产地常用作燃料。

非洲崖豆木的直木纹。巧妙利用直木纹的装饰胶合板用途广泛，需求量大。

李叶豆 jatoba

豆科李叶豆属

拉丁学名：*Hymenaea courbaril*

树名	李叶豆		
分类	豆科李叶豆属	锯加工性	较困难
心材颜色	白桃色	刨加工性	较困难
边材颜色	浅褐色	耐腐蚀性	强
心材和边材的边界	清晰	耐磨性	强
斑纹图案	清晰	胶接性	良好
硬度状况	重硬	干燥加工性	容易

【分布】李叶豆分布于中南美洲、西印度群岛。

耐腐朽的优秀外装材

树高可达 30~40m，树干部分也有 10~15m，可取较长木材。当地人将其树皮缝合，制作成木舟。此外，从树皮中提取的树脂还可用于制作清漆或陶器的黏合剂。

材质强韧，耐冲击，心材耐白蚁侵蚀，且具有耐腐蚀性。作为重且硬的木材，干燥容易，变形或开裂较少。

加工性一般，但成品具光泽，可用于制作木甲板、花园架、长椅、内装用品、地板。

奥氏黄檀

豆科黄檀属（散）

拉丁学名：*Dalbergia oliveri*

树名	奥氏黄檀		
分类	豆科黄檀属（散）	锯加工性	困难
心材颜色	红色带暗紫色	刨加工性	困难
边材颜色	灰白色带浅黄色	耐腐蚀性	强
心材和边材的边界	清晰	耐磨性	强
斑纹图案	不清晰	胶接性	良好
硬度状况	超硬	干燥加工性	困难

【分布】奥氏黄檀分布于泰国、缅甸。

作为紫檀替代材用于制作壁龛支柱

心材带暗紫色的竖纹。木纹精细，木理深深交错，致密且具光泽，木材颜色比紫檀稍浅。边材带浅黄色，边材和心材的边界极其清晰。

木质超硬且强韧，干燥困难，加工处理后性质趋于稳定。

它是制作装饰品、家具、乐器、地板、器具木柄、食器、佛具的珍贵木材，还可加工成锯切单板用于内装。

树名	葱叶状铁木豆		
分类	蝶形花科铁木豆属	锯加工性	较困难
心材颜色	红色或深红色	刨加工性	较困难
边材颜色	浅黄色	耐腐蚀性	强
心材和边材的边界	清晰	耐磨性	强
斑纹图案	不清晰	胶接性	良好
硬度状况	硬	干燥加工性	困难

【分布】葱叶状铁木豆在科特迪瓦、加蓬、中非、刚果（布）等非洲国家分布较多。

葱叶状铁木豆 pao rosa

蝶形花科铁木豆属

拉丁学名：*Swartzia fistuloides*

精美涟漪纹的木材

　　边材薄且带浅黄色，心材则为红色或深红色。木材中呈现出紫色、桃色的条纹。由于光线或角度的原因，木材外观可从红色变为深红色。

　　直木纹整体平行走向，整齐又精美，交错木理的直木纹由顺纹和逆纹交替构成。

　　干燥需要较长时间，表面容易出现干燥裂纹，这点需要注意。材质硬，加工困难，但处理效果良好，涂漆后更显美观。

　　对潮湿、白蚁均有较强抵抗力，只是容易受蠹虫侵害。

树名	两蕊苏木		
分类	苏木科两蕊苏木属	锯加工性	困难
心材颜色	浅黄色	刨加工性	较困难
边材颜色	浅黄色	耐腐蚀性	强
心材和边材的边界	不清晰	耐磨性	强
斑纹图案	不清晰	胶接性	良好
硬度状况	硬	干燥加工性	较容易

【分布】两蕊苏木分布于尼日利亚、喀麦隆、加纳、科特迪瓦、赤道几内亚、塞拉利昂。

两蕊苏木 movingui, African satinwood

苏木科两蕊苏木属

拉丁学名：*Distemonanthus benthamianus*

加工困难却耐久的木材

　　干燥需要时间。含水分较多的木材对刀具磨损较大。木纹交错，刨切加工困难，成品效果却良好。

　　圆木、板材的保存性均良好，耐久性也很强，且不易受褐粉蠹侵害。

　　铁钉或木钉敲入时容易开裂，保持力反而很大。

　　用途方面，可用于制作家具、地板、台球杆、内装胶合板。

铁刀木 Indian ironwood

豆科决明属（散）

拉丁学名：*Cassia siamea*

树名	铁刀木		
分类	豆科决明属（散）	锯加工性	非常困难
心材颜色	带紫黑褐色	刨加工性	非常困难
边材颜色	灰白色	耐腐蚀性	强
心材和边材的边界	清晰	耐磨性	强
斑纹图案	不清晰	胶接性	良好
硬度状况	超硬	干燥加工性	非常困难

【分布】铁刀木在中南半岛等东南亚地区广泛种植。

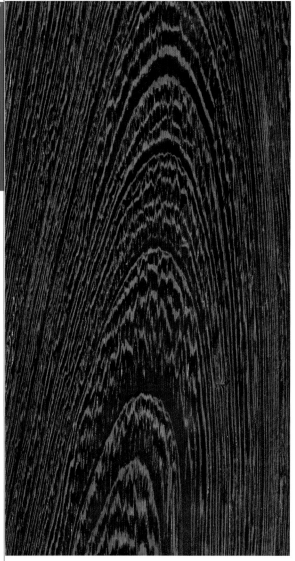

受欢迎的壁龛支柱木材

铁刀木又名泰国山扁豆。边材部分利用价值小，心材部分原本呈黑褐色，接触空气后变成紫色。

用于制作壁龛支柱极受欢迎，加工效果与黑檀木有差异。耐腐蚀性非常强。

用途广泛，用于制作佛坛、家具等；脱色之后利用其木纹，还能用于制作地板、装饰材、外装材。也可制作茶托等小物件，还可制作成筷子。

作为"唐木三木（紫檀、黑檀、铁刀木）"之一，铁刀木是著名的木材。

作为"唐木三木"之一极受欢迎的铁刀木，用于制作把玩件或高档家具。图中是现代家具"铁刀木边柜"。

树名	喀麦隆缅茄木		
分类	豆科缅茄属（散）	锯加工性	容易
心材颜色	浅红褐色	刨加工性	容易
边材颜色	浅黄褐色	耐腐蚀性	强
心材和边材的边界	不清晰	耐磨性	强
斑纹图案	不清晰	胶接性	良好
硬度状况	硬	干燥加工性	困难

【分布】喀麦隆缅茄木分布于非洲热带雨林及科特迪瓦、喀麦隆等西非国家。

喀麦隆缅茄木 doussie

豆科缅茄属（散）

拉丁学名：*Afzelia bipindensis* Harms

可以在室外使用的强耐久性木材

　　产自非洲热带雨林的喀麦隆缅茄木，是一种不需要防虫处理就能在室外使用的木材。对褐粉蠹、白蚁耐受性较好，且极具耐酸性。

　　耐用年数极其长，适合用于制造栈桥、枕木、海中结构物、化学工业用槽材、地板、台阶、木甲板、花园架、家具、门窗等。钉入物体、螺钉加工时容易开裂，组装时需要费些心思。

　　可以采伐到树干长 20m、直径 0.6~1m 的大径木。它是一种能够建造大结构物的树种。

最近，木甲板或外装的木格栅常使用喀麦隆缅茄木制作。

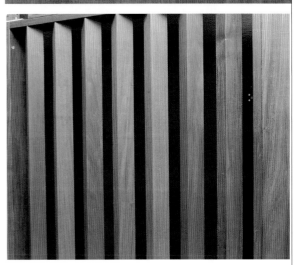

特氏古夷苏木 bubinga

豆科古夷苏木属（散）

拉丁学名：*Guibourtia tessmannii*

树名	特氏古夷苏木		
分类	豆科古夷苏木属（散）	锯加工性	较困难
心材颜色	带紫灰红褐色（有条纹）	刨加工性	较困难
边材颜色	灰白色	耐腐蚀性	强
心材和边材的边界	清晰	耐磨性	强
斑纹图案	不清晰	胶接性	良好
硬度状况	超硬	干燥加工性	超困难

【分布】特氏古夷苏木和爱里古夷苏木为同属材，分布于刚果（金）、刚果（布）、科特迪瓦及其他西非热带雨林地区。

极其硬的大径木

特氏古夷苏木是非常粗的树，世界范围内的硬质材中没有比它更粗的。木质坚韧，需要更多加工时间。原材发出恶臭，需要较长的干燥时间，干燥后恶臭消失。

大鼓的主体无法使用榉木制作，这时特氏古夷苏木就成了宝贵木材。还可用于制作玄关的台阶或大面积地板，但干燥不充分会引起收缩或膨胀，需要将表面全部用油漆包覆。

属于宽木材，可用于制作组合柜、桌面、座面等，但干燥不充分容易翘曲或开裂。

此外，还可用于制作内装用锯切单板、装饰胶合板、家具等。

特氏古夷苏木的地板材。制作内装用材或地板时有丰富的木材种类可选，可以根据内装色调选择。

树名	爱里古夷苏木		
分类	豆科古夷苏木属（散）	锯加工性	较困难
心材颜色	金褐色带黑色条纹	刨加工性	较困难
边材颜色	灰白色	耐腐蚀性	强
心材和边材的边界	清晰	耐磨性	强
斑纹图案	不清晰	胶接性	良好
硬度状况	超硬	干燥加工性	超困难

【分布】爱里古夷苏木分布于刚果（金）、刚果（布）、科特迪瓦及其他西非热带雨林地区。

爱里古夷苏木 ovangkol

豆科古夷苏木属（散）

拉丁学名：*Guibourtia ehie*

受欢迎的内装材

爱里古夷苏木的材色浅，心材呈金褐色并带黑色条纹，条纹整齐排列。

精美的直木纹木材，加工成锯切单板之后，是极受欢迎的内装材。旋压加工时，巧妙利用其木纹，可加工成用途广泛的家具材，在船室装饰地板中也有使用。

干燥困难，干燥过程要循序渐进，干燥后性质非常稳定。需要注意，加工性并不好。

成品非常美观。

光亮的爱里古夷苏木的地板材，可使室内装饰更加明亮。

巴西红木

pernambuco,Brazil wood, peach wood

豆科云实属（散）

拉丁学名：*Caesalpinia echinata*

树名	巴西红木		
分类	豆科云实属（散）	锯加工性	困难
心材颜色	红褐色带暗色条纹	刨加工性	困难
边材颜色	灰白色	耐腐蚀性	强
心材和边材的边界	清晰	耐磨性	强
斑纹图案	不清晰	胶接性	良好
硬度状况	超硬	干燥加工性	困难

【分布】巴西红木产自巴西。

◆巴西红木于2007年被载入《华盛顿公约》附录Ⅱ中。

作为染色原料的超硬材

巴西红木又名巴西木，是以国名巴西命名的树种。它是精美的红色高级材，以材质硬著名，常用于制作小提琴的弓。

巴西红木加工困难，容易产生逆纹，锯切加工时需注意。

巴西红木加工后能够保持红色调的精美外观。作为一种黏性较强的木材，在黏合剂中也有使用。

巴西红木属于特殊木材，所以出材并不多。木材中含有红色素，可作为染料使用。

在古代，产地的人们将其用于制作武器。家具中倒不常用，但可巧妙利用其红色调，用于制作工艺品、装饰品等。

用巴西红木制作的小提琴的弓。

巴西红木的锯材呈黄色调，随着使用时间的延长而变化为红色调。

树名	凸茎豆		
分类	豆科美木豆属（散）	锯加工性	容易
心材颜色	黄褐色带暗色条纹	刨加工性	容易
边材颜色	灰白色	耐腐蚀性	强
心材和边材的边界	清晰	耐磨性	强
斑纹图案	不清晰	胶接性	良好
硬度状况	硬	干燥加工性	较困难

【分布】凸茎豆分布于科特迪瓦一带。

◆凸茎豆于 1992 年载入《华盛顿公约》附录Ⅱ中。

逆境中顽强生长的用途广泛的树木

凸茎豆又名高大花檀，作为柚木的替代木材，也称作非洲柚木。

其具有非常紧密的交错木纹，颜色接近柚木，但油性比柚木小，二者长有不同的树皮。干燥材的强度比柚木高，耐白蚁侵害，耐腐蚀性非常强。树木在逆境中也能顽强生长。

作为柚木的替代木材，用途广泛，可用于船体建造，也可制作旋压加工物、地板、内装材、装饰胶合板、门窗等。不经油漆处理放置的话，会变成黑色。

凸茎豆 afrormosia, asamela

豆科美木豆属（散）

拉丁学名：*Pericopsis elata*

树名	刺槐		
分类	豆科刺槐属（散）	锯加工性	较困难
心材颜色	浅绿褐色	刨加工性	较困难
边材颜色	浅黄色	耐腐蚀性	强
心材和边材的边界	清晰	耐磨性	强
斑纹图案	不清晰	胶接性	良好
硬度状况	超重硬	干燥加工性	困难

【分布】刺槐分布于阿巴拉契亚山脉周边，锯材品主产地是美国田纳西州、肯塔基州。

美国西部开发时期的常用木材

在日本，人们通常将刺槐称作洋槐，作为道路绿化树种植。

刺槐是美国的重要树种之一，西部开发时期较多用于制作马车的车轮和车轴。木材非常坚固，且绝缘性良好，适合制作绝缘芯、造船用木钉。圆木则可用于制作枕木、栅栏、支柱。

木材非常结实，且具有干燥收缩小的特性。耐冲击，耐腐蚀性也很优秀。在日本，常用作木板材。

刺槐 locust tree

豆科刺槐属（散）

拉丁学名：*Robinia pseudoacacia*

白娑罗双 selangan batu

龙脑香科娑罗双属（散）

拉丁学名：*Shorea superba*

树名	白娑罗双		
分类	龙脑香科娑罗双属（散）	锯加工性	困难
心材颜色	黄色或红褐色	刨加工性	困难
边材颜色	深黄色	耐腐蚀性	强
心材和边材的边界	清晰	耐磨性	强
斑纹图案	不清晰	胶接性	困难
硬度状况	重硬	干燥加工性	困难

【分布】白娑罗双分布于印度、东南亚。

印度、东南亚的强耐腐朽木材

同种的树木在东南亚广泛分布，马来西亚沙捞越、文莱地区出产的木材称作白娑罗双。

同种树中，印度娑罗是其特有树种，在日本则称作娑罗、娑罗双树。

心材和边材的边界清晰。心材刚开始为黄色调，有些树种呈红褐色，接触空气后变成暗褐色。木材重且硬，交错木理的木材中可见波状纹。

刨切面仅有些许光泽。强度方面无可挑剔，切口面呈现较好的光泽。

其收缩率极其高，而平木纹和直木纹木材的收缩差特别大，平木纹木材表面容易开裂。不含硅元素，截断、刨切困难，特别是螺钉固定时需要底孔加工。

边材对白蚁、褐粉蠹的抵抗力较弱，需要进行防腐处理。

其在结构材中属于第1级的木材，用于制造承重结构物、桥梁、船舶、缓冲材、枕木、木甲板、地板等，使用时间长。

白娑罗双木甲板。该木材使用时间长，常用作结构材。

羯布罗香 apitong，keruing，yang

龙脑香科龙脑香属（散）

拉丁学名：*Dipterocarpus turbinatus* Gaertn. f.

树名	羯布罗香		
分类	龙脑香科龙脑香属（散）	锯加工性	困难（含石灰石）
心材颜色	暗褐色	刨加工性	树脂造成障碍
边材颜色	灰白色	耐腐蚀性	强
心材和边材的边界	清晰	耐磨性	强
斑纹图案	较清晰	胶接性	树脂造成障碍
硬度状况	硬	干燥加工性	困难（要脱脂）

【分布】羯布罗香分布于菲律宾、泰国、加里曼丹岛、柬埔寨。

适合用于制造大型车辆（车身）的木材

龙脑香科木材又名冰片。

此树种的细胞间存在树脂室，木材中带有树脂和石灰石小块。在海中最初浮在水面，时间久了便沉入水中。使用斯特莱特锯片容易锯材加工。它会渗出树脂，加工时容易发生意外。如果不进行脱脂干燥，长年累月便会渗出树脂形成污垢。

用于制作货车、客车等大型汽车的车身，是一种重要耗材。住宅的环廊用木板、学校及体育馆的地板、客车的地板可采用羯布罗香木材制作。

山樟木 kapur

龙脑香科冰片香属（散）

拉丁学名：*Dryobalanops* spp.

树名	山樟木		
分类	龙脑香科冰片香属（散）	锯加工性	容易
心材颜色	暗红褐色	刨加工性	容易
边材颜色	带黄褐色	耐腐蚀性	强
心材和边材的边界	清晰	耐磨性	强
斑纹图案	较清晰	胶接性	良好
硬度状况	硬	干燥加工性	良好

【分布】山樟木分布于加里曼丹岛、马来西亚其他地区、苏门答腊岛等。

容易加工成胶合板

山樟木和羯布罗香基本相同，但木材中完全没有树脂。有少量含有石灰石的位置，不会在操作刨刀时感到钝感。如果使用不锋利的刀具加工，表面会起毛。对钉的保持力良好。用尿素制作的黏合剂胶接性佳，但不适合使用聚酯黏合剂。与羯布罗香不同，容易加工成胶合板，制作成宽胶合板用作货车的货箱板，具有很高的强度。多数山樟木在圆木状态极易出现细孔，缺乏装饰性。

耐腐蚀菌侵蚀，但对白蚁抵抗力差。

柚木 teak

马鞭草科柚木属（散）

拉丁学名：*Tectona grandis*

树名	柚木		
分类	马鞭草科柚木属（散）	锯加工性	困难
心材颜色	金褐色	刨加工性	困难
边材颜色	灰白色	耐腐蚀性	强
心材和边材的边界	清晰	耐磨性	强
斑纹图案	纤细	胶接性	良好
硬度状况	硬、润滑	干燥加工性	困难

【分布】柚木的主产地是缅甸、越南，印度尼西亚也有产出。

与大叶桃花心木、黑胡桃木并称为世界三大珍贵木材

　　柚木、大叶桃花心木、黑胡桃木被称为世界三大珍贵木材，世界范围内广泛使用且令人爱不释手。柚木因具有非常强的耐磨性而广为人知。交易的柚木被加上星级标志，五星级是最高等级。

　　柚木的最大特点是材面覆盖蜡状物质，耐磨性强。不需要涂漆，长时间曝露于室外也不会改变材质。

　　柚木的锯切割性一般，木材中包含石灰石，切割加工会加速磨损刀片，导致刀片变钝。超硬的刀片则会使其起毛，锯切的外观效果差。用高速钢硬度的刀片仔细研磨，加工数张柚木板再换新刀片，则能实现较好的锯切效果。切削加工柚木甲板是非常困难的工作。

　　柚木的心材呈金褐色，微带条纹的当属最佳。缅甸柚木的木纹紧密，给人结实感。热带雨林中种植的柚木木纹密，没有柚木特有的触感，感觉扎手。印度尼西亚有部分自然生长的柚木，但基本是船舶材需求紧张时代种

植的次生林树木。主产地不同，木材强度、耐久性、美观度等差几个等级。柚木干燥时，变色或内部剥离等问题较少。

　　可制作成锯切单板，粘贴于薄板上，用于日式内装。实木也在家具中使用，也是制作西式衣柜的高级材。可埋入门槛的槽内，用作滑门挡木。接触空气后材色从金黄色变成柚黄色的木材品相最好，用作造船材。

从金黄色变成柚黄色的直木纹柚木。这是柚木的最好品相。

树名	贾拉木		
分类	桃金娘科桉属（散）	锯加工性	较困难
心材颜色	暗红褐色	刨加工性	困难
边材颜色	灰白色	耐腐蚀性	强
心材和边材的边界	清晰	耐磨性	强
斑纹图案	不清晰	胶接性	良好
硬度状况	硬	干燥加工性	困难

【分布】贾拉木产自澳大利亚西部。

贾拉木 jarrah

桃金娘科桉属（散）

拉丁学名：*Eucalyptus marginata*

作为建筑外装材大受欢迎

贾拉木能生长为树干高度 30m、圆木平均直径 80~100cm 的大径木。人工干燥后的贾拉木耐朽性增强，不需防虫处理即可用作建筑外装材，耐用年数极长。贾拉木的缺点是木材内部容易出现树脂囊，加工时需要注意。

贾拉木的用途有制作甲板、长椅、地板、木板路等。贾拉木和桉树是同种木材，贾拉木还是极为贵重的木材，较细的贾拉木多用于搭建临时设施。

树名	连加斯木		
分类	漆树科黑漆树属（散）	锯加工性	困难
心材颜色	血红色	刨加工性	较困难
边材颜色	白色至浅驼色	耐腐蚀性	良好
心材和边材的边界	清晰	耐磨性	良好
斑纹图案	不清晰	胶接性	良好
硬度状况	硬	干燥加工性	较困难

【分布】连加斯木属于漆树科，主要分布在马来半岛和加里曼丹岛。

连加斯木 rhengas

漆树科黑漆树属（散）

拉丁学名：*Melanorrhoea* spp.

能长成巨树，因用于制作拐杖而闻名

连加斯木的边材颜色为白色至浅驼色；心材呈血红色，具有暗色的条纹木理，曝露于空气中后，颜色会进一步变深。树皮略粗糙，木理略微交错。

连加斯木的平木纹板面会呈现黄黑色的条纹图案，有极好的光泽。虽然连加斯木具有美丽的颜色和漂亮的木纹，但是该木材唯一的缺点就是加工时会使人体产生严重的斑疹，这也是漆树科木材的特有缺点，处理时需要特别注意。

连加斯木主要用于制作装饰材、画框、拐杖等。

苦楝

楝科楝属（散）

拉丁学名：*Melia azedarach*

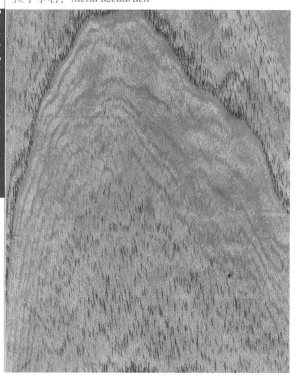

树名	苦楝		
分类	楝科楝属（散）	锯加工性	容易
心材颜色	浅茶色	刨加工性	容易
边材颜色	黄白色	耐腐蚀性	中等
心材和边材的边界	清晰	耐磨性	中等
斑纹图案	清晰	胶接性	良好
硬度状况	中硬	干燥加工性	良好

【分布】苦楝主要分布在日本的伊豆半岛以西、四国、九州、冲绳、以及朝鲜半岛南部、中国。

长尺寸的大径苦楝木材具有珍稀价值

虽然有"苦楝芬芳胜双叶"的说法，但这句话中的"苦楝"实际指的是檀香，并不是苦楝。

苦楝的树皮被称为苦楝皮，可用于制作驱虫剂。在庭院、公园、街边，常常能见到苦楝的身影。苦楝的心材和边材的边界清晰，心材呈浅茶色。

苦楝的加工性良好，具有花样木纹，因而可以用于制作家具、器具、室内装饰材料等。长尺寸的大径木很罕见，因而具有很高价值，非常珍贵。

菲律宾出产的铅笔柏也是楝科的木材，在制作乐器等用途方面表现优异。

檀香 sandal wood

檀香科檀香属（散）

拉丁学名：*Santalum album*

树名	檀香		
分类	檀香科檀香属（散）	锯加工性	容易
心材颜色	卵白色	刨加工性	容易
边材颜色	白色	耐腐蚀性	良好
心材和边材的边界	较不清晰	耐磨性	良好
斑纹图案	不清晰	胶接性	良好
硬度状况	超硬	干燥加工性	良好

【分布】檀香分布在印度德干高原的西侧，印度迈索尔周边采伐的木材为最高级品。

檀香的原木被禁止进口到日本

檀香是印度的葬礼上必不可少的香木。印度檀香呈略带黄色的灰白色，长时间使用后会变黑。印度尼西亚的檀香更为粗壮，木纹更为粗糙，木材的黄色更深。出产野生檀香的地区最东端为帝汶岛。

檀香并不是独立的树，与爬山虎一样，是攀附在其他树上生长的乔木。长而直的木材很少，大部分是弯曲的，长 1m 左右的檀香直径能达到 20cm 就已经算大型木材了。

檀香的边材为白色，无气味；心材呈高贵的檀香色（即卵白色），有芳香气味。在日本，檀香可用于制作地炉的内框，被视为制作茶室地炉内框的最高级木材。檀香用于雕刻佛像也非常有名。

树名	山茶		
分类	山茶科山茶属（散）	锯加工性	较困难
心材颜色	红浅褐色	刨加工性	较困难
边材颜色	红浅褐色	耐腐蚀性	弱
心材和边材的边界	不清晰	耐磨性	强
斑纹图案	不清晰	胶接性	良好
硬度状况	硬	干燥加工性	困难

【分布】北到日本青森县，南到冲绳诸岛，直到中国台湾均分布有山茶的变种——宝山茶。

山茶

山茶科山茶属（散）

拉丁学名：*Camellia japonica*

也是常见的园艺树种

山茶能生长到树高 18m、直径 50cm 左右，材质硬而均匀，常用作黄杨的代用木材。园艺品种主要有侘助、明石潟、大虹、深川、秋风、乐白唐子、光源氏、熊谷京牡丹、荒狮子、大神乐、羽衣都鸟等。

山茶备受赞誉的一种用途是制作折尺。因为适合制作刳物且完成效果好，所以常用于制作木碗等漆器的木胎、农耕具的手柄、算盘珠、刷子的手柄、小提琴的颈部弦轴、香烟的烟嘴、衣柜的把手。还可以用于制作较大的物品，如小型船舶的下水船架等。

山茶油是日本伊豆大岛、和歌山县、静冈地区的特产。山茶油和橄榄油同样具有不干性，被认为是最佳的润发用油，也是制造印泥时不可或缺的原料。切成圆片的山茶木材和黄杨、百日红、髭脉桤叶树同样，很少出现切口开裂，因而适用于制作印章。茶梅和茶树都属于山茶科，杨桐也属于山茶科，祭神仪式中使用的玉串使用杨桐小枝制成，因而杨桐在日本也是一种广为人知的树木。

图中的人偶——"圆胖的刀刻人偶"使用东京都和伊豆大岛野生的山茶木雕刻而成。该木雕反映了 20 世纪 30 年代日本的汲水风俗。

橡胶树 para rubber tree

大戟科橡胶树属（散）

拉丁学名：*Hevea brasiliensis*

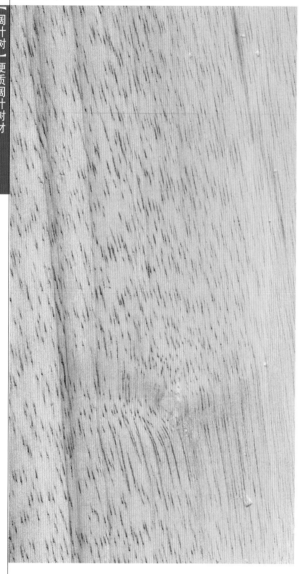

树名	橡胶树		
分类	大戟科橡胶树属（散）	锯加工性	容易
心材颜色	浅黄白色→浅桃褐色	刨加工性	容易
边材颜色	浅黄白色	耐腐蚀性	弱
心材和边材的边界	不清晰	耐磨性	强
斑纹图案	不清晰	胶接性	良好
硬度状况	硬	干燥加工性	困难

【分布】95% 的橡胶树产自马来半岛和印度尼西亚。

合成橡胶已经普及，橡胶树转型为木材

橡胶树原产地为巴西东北部的帕拉伊巴州，所以它又名"帕拉橡胶"。在马来半岛和爪哇岛上，人们培育橡胶树的种植林，以采集橡胶树汁液。大约采集 6 年之后橡胶树汁液渐渐枯竭，需要砍伐树木并更新，因此需要开发出木材的用途。橡胶树的木材适合加工成滑车的辘轳，用于制作楼梯扶手、支柱等的用途已经逐渐普及。

橡胶树在一定的周期内重复砍伐到种植这一过程，因而是一种具有生态效益的木材。

以前，人们将装载着机械的卡车开进橡胶树园，清除园中的木屑。自从合成橡胶普及之后，人们开始以出产木材为目的种植橡胶树。

橡胶树的木材用途多样，可以用作家具材、箱材、室内装饰材料、层积材，还可以制作玩具、砧板等。

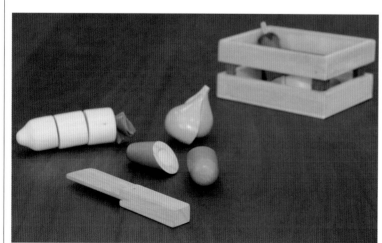

橡胶树木材也可以制作玩具，其优点之一是价格适中、容易购得。

树名	蚊母树		
分类	金缕梅科蚊母树属（散）	锯加工性	困难
心材颜色	紫褐色至红褐色	刨加工性	困难
边材颜色	浅红褐色	耐腐蚀性	强
心材和边材的边界	不清晰	耐磨性	强
斑纹图案	不清晰	胶接性	不良
硬度状况	超硬	干燥加工性	困难

【分布】蚊母树属于金缕梅科，适宜生长在温暖的地区。在日本九州以南分布较多，同时广泛分布在日本近畿以南、冲绳及中国。

蚊母树

金缕梅科蚊母树属（散）

拉丁学名：*Distylium racemosum*

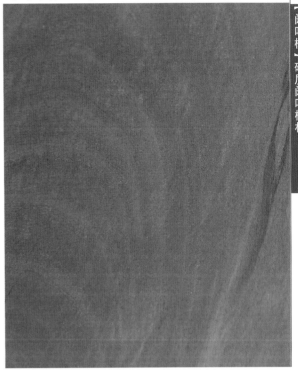

用于制作器械的硬木材

蚊母树主要作为庭院树木进行栽培，但是野生蚊母树生长为高 25m 以上大树的情况并不罕见。

蚊母树的木材超硬，加工较困难，钉钉子或螺钉时，需要预先打好底孔。而且该木材较难干燥，容易翘曲或开裂，干燥时的收缩率也较高，需要花较长时间慢慢干燥。

蚊母树木材精加工后表面美观，耐朽性、抗虫性强，硬度非常高且木质细密，因而常用于制作器械、梳子。也可以用于制作壁龛支柱、地板、家具；作为乌木或紫檀的代用木材，可以制作拐杖、镶嵌物品等。

树名	黄苹婆木		
分类	梧桐科苹婆属（散）	锯加工性	容易
心材颜色	浅黄色	刨加工性	容易
边材颜色	浅黄褐色	耐腐蚀性	弱
心材和边材的边界	不清晰	耐磨性	强
斑纹图案	不清晰	胶接性	良好
硬度状况	硬	干燥加工性	较困难

【分布】尼日利亚、喀麦隆等西非地区均有黄苹婆木分布。

黄苹婆木 eyong

梧桐科苹婆属（散）

拉丁学名：*Sterculia oblonga*

无耐久性，不宜用于室外

黄苹婆木是该树种的流通名，一般名称还有 eyong 等。黄苹婆木是一种高大的树木，多具有笔直的圆筒状树干，木纹略粗糙，木质较脆，不具有耐久性。心材和边材的边界不清晰。平木纹呈现漂亮的纹路，被称为银木纹（silver grain），因而其木材常制成刨切单板用作室内装饰材料以供赏玩。对白蚁的抵抗力较弱，因而很少用于室外。因为会变形和异常收缩，所以需要耗费较长时间谨慎地进行干燥加工。

柿树 persimmon

柿科柿属（散）

拉丁学名：*Diospyros kaki* Thunb.

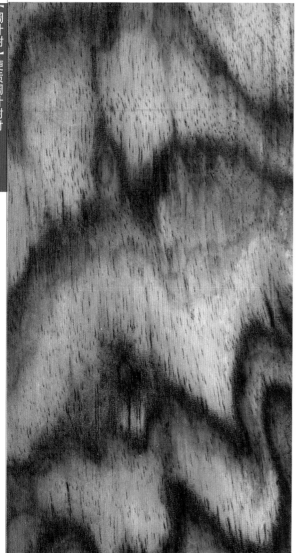

树名	柿树		
分类	柿科柿属（散）	锯加工性	困难
心材颜色	暗褐色	刨加工性	困难
边材颜色	灰白色	耐腐蚀性	强
心材和边材的边界	清晰	耐磨性	强
斑纹图案	不清晰	胶接性	良好
硬度状况	硬	干燥加工性	非常困难

【分布】在北海道以外的日本各地均有野生柿树分布。北美大陆东部分布的柿树（persimmon）和日本的柿树属于同种。

柿木可用于制作指物等，广受欢迎

北美的柿树（persimmon）和日本的柿树是同一树种。柿树的木材虽然干燥较困难，但是干燥后柿油凝固，会成为性质稳定的硬木材，对冲击的反弹力比较强，因而常用于制作高尔夫球杆的杆头。

如果是比较古老的柿树，树内的成分和从土中吸收的成分相互反应，会产生黑深绿色的木理。呈现这种木理的柿树被称作"黑柿"。有的黑柿会呈现出一种叫作"孔雀木纹"的花纹，这样的黑柿非常珍贵，据说数万棵柿树中才能出现一棵，是一种珍稀木材。

柿树越老越珍贵，也越稀少，作为木材的价值就越高，常用于制作日式家具或茶道用具等指物。用柿木制成的棋子盒（用于装围棋子）被认为是高级品。

黑柿木制成的棋子盒与桑木制成的棋子盒一样，均属于高级品。在围棋界非常流行使用名贵木材制成的用具。

树名	黑檀木		
分类	柿科柿属（散）	锯加工性	较容易
心材颜色	黑色（也有褐色和条纹）	刨加工性	困难
边材颜色	灰白色	耐腐蚀性	强
心材和边材的边界	非常清晰	耐磨性	强
斑纹图案	不清晰	胶接性	良好
硬度状况	超硬	干燥加工性	非常困难

【分布】黑檀木广泛分布在印度、斯里兰卡、缅甸、泰国、印度尼西亚、马来西亚等国家。

黑檀木 ebony

柿科柿属（散）

拉丁学名：*Diospyros ebenum*

【阔叶树】硬质阔叶树材

乱砍滥伐导致最优质的黑檀木极为稀少

黑檀木中有两个差别很大的种类——被称为"ebonite（硬橡胶）"的全黑材质黑檀木和被称为"条状黑煤"的"摩挈卡"。斯里兰卡出产一种全黑材质的黑檀木，略带条纹图案，颜色略带紫色，非常美丽，是制作壁龛支柱的高级木材。如果偏蓝色调，则被称为蓝色黑煤，等级随之降低。

条状黑煤的木纹接近柿树的条状木纹，是略带黄色的条状木纹。条状木纹会给人以非常华丽的感觉。

黑檀木的品相等级为：略带条纹的印度黑檀木，其平木纹木材是制作壁龛支柱的高级品，其次是条状黑煤。很少能伐得粗大的平木纹木材。

黑檀木是一种生长比较慢的树种，因此乱砍滥伐会导致优质木材濒临枯竭。苏拉威西岛的中部大量出产黑檀木，但是其中木材颜色偏淡的黑檀木越来越多，逐渐以条纹状木理的木材为主体，且条纹越来越稀疏，条纹颜色也变淡，品相越来越差。

黑檀木的主要用途是制作壁龛支柱、壁龛周边相关的装饰材料，也常用于制作佛龛。制作吉他等弦乐器的指板、钢琴的黑键时，也以黑檀木中全黑材质的为最佳木材，象牙制白键和黑檀木制黑键的组合是钢琴的最高级配置。黑管等管乐器、小提琴的弦轴、响板等的原料也以黑檀木为佳。

黑檀木的干燥加工非常困难，木材内部容易产生裂纹，表面硬化剧烈，因此必须注意，需要花费长时间慢慢干燥。锯切加工并不困难，但是切削加工时需要使用一种刀刃接近竖直的立刃刨子，就像用玻璃碎片摩擦切削一样，一点一点地切削，以免产生逆向木纹。用机械刨子进行刨切加工很难避免产生撕裂。表面处理时必须用砂纸进行研磨加工，最后用鹿皮布磨光。加工成辘轳时需要进行充分的表面处理。

黑檀木在交易时，业界一般有以下几种认识：全黑材质＝无条纹材质，真正全黑材质＝判定为印度当地产的木材，岛黑檀木＝条纹黑檀木（被称为"拨子"的是产自印度尼西亚苏拉威西岛等的粗条纹黑檀木）。

虽然通称为黑檀木，但是由于木纹或产地的不同，其价值也有着天壤之别。被称为"ebonite（硬橡胶）"的全黑材质黑檀木，在今天已经越来越稀少了。

玛雅黄檀
liogrande parisandre, bocote

紫草科破布木属（散）

拉丁学名：*Cordia hipoleuca*

树名	玛雅黄檀		
分类	紫草科破布木属（散）	锯加工性	良好
心材颜色	黄褐色，带深色条纹	刨加工性	良好
边材颜色	浅黄灰色至浅灰色	耐腐蚀性	强
心材和边材的边界	清晰	耐磨性	强
斑纹图案	不清晰	胶接性	良好
硬度状况	硬	干燥加工性	中等

【分布】玛雅黄檀主要分布在南美洲北部地区。

木纹鲜明，表面加工性良好

　　玛雅黄檀的流通名为 liogrande 或 liogrande parisandre，另外一个树种军刀豆的别名也叫 liogrande parisandre，但是两个树种完全不同。两个树种非常容易混淆，需要特别注意。

　　玛雅黄檀的边材呈浅黄灰色至浅灰色，心材为黄褐色，带深色条纹，非常引人注目。

　　玛雅黄檀的木材收缩性略低，比较有分量，树皮纹理从略粗糙到精细都有。加工性良好，精加工后会呈现出富有光泽的美丽木纹。

　　玛雅黄檀主要用于制作装饰胶合板、家具、工艺品、指物、乐器等。

图为玛雅黄檀木切成片后制成的花瓶台座，具有沉甸甸的重量感。

树名	十二雄蕊破布木		
分类	紫草科破布木属（散）	锯加工性	较困难
心材颜色	暗褐色，带不规则黑条纹	刨加工性	较困难
边材颜色	灰色	耐腐蚀性	强
心材和边材的边界	清晰	耐磨性	强
斑纹图案	不清晰	胶接性	良好
硬度状况	超硬	干燥加工性	困难

【分布】十二雄蕊破布木分布在美洲中部。

十二雄蕊破布木

ciricote，ziricote

紫草科破布木属（散）

拉丁学名：*Cordia dodecandra*

作为黑柿的代用木材，具有广泛的利用价值

十二雄蕊破布木的直木纹中还有条纹，呈现出肥皂泡般的图案。木质厚重，有交错木理，因而加工比较困难。切削精加工后的表面非常漂亮，能加工成耐用的刨切单板。

十二雄蕊破布木在干燥时容易产生裂纹，因此需要注意，应缓慢进行干燥加工，小心处理。

十二雄蕊破布木的主要用途有：制作壁龛相关的木制品、船舶室内装饰品、家具的装饰材料、雕刻物、器具的手柄等。作为乐器木材也非常受欢迎。与黑檀木一样，可以用于制作佛具。

十二雄蕊破布木的心材和边材之间有非常清晰的边界，作为黑柿的代用品被广泛使用。其别名为"暹罗柿树"，由于木纹近似黑柿而得名，但其实它并不是柿树。

图为以具有独特的美丽木纹的十二雄蕊破布木为原材料制成的雕刻艺术品。由于十二雄蕊破布木的装饰性较强，所以也常用于制作乐器。

愈疮木 lignum vitae

蒺藜科愈疮木属（环）

拉丁学名：*Guaiacum officinale*

树名	愈疮木		
分类	蒺藜科愈疮木属（环）	锯加工性	最困难（用金属加工机械切削）
心材颜色	深绿褐色	刨加工性	最困难（用金属加工机械切削）
边材颜色	灰白色	耐腐蚀性	强
心材和边材的边界	清晰	耐磨性	强
斑纹图案	不清晰	胶接性	困难
硬度状况	最硬，油性	干燥加工性	不能

【分布】愈疮木分布在南美洲北部及美洲中部。

◆愈疮木被载入 2002 年以后的《华盛顿公约》附录 II 中。

耐磨性强，用于制作机械的轴承或滑轮

18 世纪初，人们在西印度群岛发现了愈疮木。"愈疮木"这个名字的意思是生命之树，据说该树的树脂能治愈百病。

愈疮木是一种非常小的树木，最多能生长至直径 30cm 左右。交易木材一般为短尺寸的木材。锯材加工后的木材表面会具有蜡一样的触感。愈疮木的树皮密实而均匀，木理为明显的交错木理。用 100℃的热水加热时，会渗出树脂。利用该性质，可以用于制作船舶的螺旋桨轴承。

愈疮木的耐磨性非常强，需要使用金属加工机械对其进行加工。还可以用于制作机械的轴承和滑轮。保龄球也是用愈疮木制作而成的。由于船舶的螺旋桨轴承是海水和船内之间的界限，必须同时满足耐磨损和阻止海水浸入两方面的需求，所以以前不论多么大的船舶，都需要使用愈疮木制成的螺旋桨轴承。后来，酚醛树脂的诞生结束了愈疮木无可取代的地位，它也成为愈疮木的代用品。19 世纪中后期，愈疮木以 guaiacum 的名字进口到日本。

加工愈疮木非常困难，因而一般性的使用案例比较罕见。由于愈疮木具有极高的硬度，所以用它制成的念珠非常受欢迎。

树名	褐色钟花树		
分类	紫葳科蚊木属（散）	锯加工性	较困难
心材颜色	绿褐色	刨加工性	较困难
边材颜色	浅褐色	耐腐蚀性	强
心材和边材的边界	不清晰	耐磨性	强
斑纹图案	不清晰	胶接性	良好
硬度状况	超硬	干燥加工性	困难

【分布】褐色钟花树分布于南美洲北部。

褐色钟花树 ipe，tabebuia

紫葳科蚊木属（散）

拉丁学名：*Tabebuia avellanedae*

耐久性强、适合外饰的木材

　　南美洲北部采伐的褐色钟花树高 40m，直径可达 1.3m。加工较困难，成品表面平滑。在室外使用具有较强耐久性。坚韧的木材极具耐腐蚀性，也耐磨损，是一种使用年限极其长的木材。

　　具有硬木的特征，但长久使用会变成褐色，强度可经 30 年不变。干燥后的木材耐腐朽性特别优秀，对比其他硬木干燥时毛刺感较少，外观效果良好。

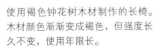

使用褐色钟花树木材制作的长椅。木材颜色渐渐变成褐色，但强度长久不变，使用年限长。

髭脉桤叶树

桤叶树科桤叶树属（散）

拉丁学名：*Clethra barbinervis*

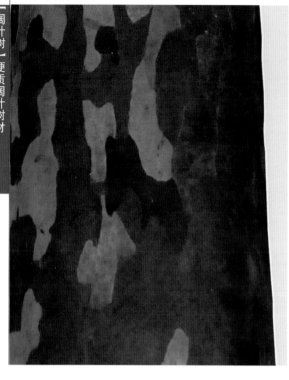

树名	髭脉桤叶树		
分类	桤叶树科桤叶树属（散）	锯加工性	容易
心材颜色	粉色	刨加工性	容易
边材颜色	浅粉色	耐腐蚀性	弱
心材和边材的边界	不清晰	耐磨性	强
斑纹图案	不清晰	胶接性	良好
硬度状况	硬	干燥加工性	困难

【分布】髭脉桤叶树分布在北海道渡岛半岛以南的日本。

制作壁龛支柱的木材

　　形状佳的，可用于制作壁龛支柱。材质近似山茶，常用于制作切口需精加工的物品。即使圆木截锯，切口也难以开裂。

　　在日本，木材商并不经手，如有需要，可从日本森林管理委员会或山林采伐者那里直接购得。最近，从DIY店中也可购得。

南天竹

小檗科南天竹属（散）

拉丁学名：*Nandina domestica*

树名	南天竹		
分类	小檗科南天竹属（散）	锯加工性	容易
心材颜色	浅黄白色	刨加工性	容易
边材颜色	白色	耐腐蚀性	—
心材和边材的边界	不清晰	耐磨性	—
斑纹图案	不清晰	胶接性	—
硬度状况	中等	干燥加工性	—

【分布】南天竹在中国及日本茨城县以西的本州至琉球群岛广泛分布。

可制作壁龛支柱

　　成熟的红色果实作为药剂，具有止咳效果。据说，南天竹叶还具有保持刺身鲜艳度的效果。可以作为庭院树种植，但长2m左右的短木基本没有制作锯材的价值。

　　古代，南天竹制作的筷子具有"转运"的寓意，是充满福气的筷子。此外，南天竹制作的筷子非常轻，适合老年人使用。

树名	紫薇		
分类	千屈菜科紫薇属（散）	锯加工性	容易
心材颜色	浅绿乳白色	刨加工性	容易
边材颜色	乳白色	耐腐蚀性	强
心材和边材的边界	清晰	耐磨性	强
斑纹图案	不清晰	胶接性	良好
硬度状况	硬	干燥加工性	容易

【分布】紫薇分布于日本全境。

紫薇

千屈菜科紫薇属（散）

拉丁学名：*Lagerstroemia indica*

树表光滑的紫薇

紫薇（百日红）为千屈菜科的树种，盛夏的开花期长达 3 个月，正如其名百日红，树表光滑。

原产自中国，日本古代就有种植，作为庭院树、街道景观树等，在本州以南多见。形状佳的圆木可用作壁龛支柱，供鉴赏。作为木材使用的例子并不多，没有相关木材数据。材色艳丽，为硬质材，适合切口雕刻。材质与山茶和髭脉桤叶树基本相同。

树名	日本紫茶		
分类	山茶科紫茎属（散）	锯加工性	容易
心材颜色	白黄色	刨加工性	容易
边材颜色	白色	耐腐蚀性	中等
心材和边材的边界	不清晰	耐磨性	中等
斑纹图案	不清晰	胶接性	良好
硬度状况	硬	干燥加工性	中等

【分布】日本紫茶自然生长于日本福岛县以南及朝鲜半岛南部的山区。

日本紫茶

山茶科紫茎属（散）

拉丁学名：*Stewartia monadelpha*

作为壁龛支柱的鉴赏木材

日本紫茶为紫茎属的树，生长于日本神奈川县箱根以西。同紫薇一样，圆木用作供鉴赏的壁龛支柱。基本不被用作木材，没有木材数据。材质参照山茶和髭脉桤叶树。

可用作壁龛支柱的还有赤松圆木、竹等。紫薇、日本紫茶的木材还用于壁龛的装饰，所以人们也会费尽心思从危险崖壁取材，价格因采伐难易度而异，所以没有参考价格。

鲽鱼

好似鱼有了表情一般，木材也有各种表情。巧妙利用木材的各种花纹或颜色，再用高超的雕刻技巧塑造出各种鱼。木纹变成鱼的斑纹，生动逼真。

鱼雕刻 田中鳞水

木之美术馆
Woody Museum

蝴蝶鱼

鳑鲏

猫头鹰

绿鹭

鸟雕刻 内山春雄

使用木材，创造出各种表现手法。

鸟雕刻便是手法之一。作品起源于狩猎用的标本诱饵，由于保护自然的需求，木材雕刻代替了标本制作。

基于写实的需求，木材和高超技艺融合，将生命赋予这些鸟儿。

黄眉姬鹟

白鹡鸰

在木场中使用的特殊语言、手势和行话

　　这里讲的是专业人员使用的特殊语言、手势和行话。一是"手势图",由于木场内噪声非常大,甚至即使大声说话也听不见,所以产生了"手势图",用于同事之间互相交流;二是"行话",木材交易时,木材店同事之间的交流会使用"行话",使顾客即便听见了也不明白其中的意思。这些交流方式从江户时代沿用至今,在此我们从中选取几个现在仍在使用的例子进行讲解。

表示数字的手势图　表示数字 1~10 的手势暗号。

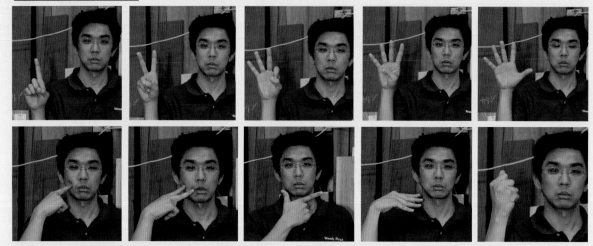

木场的锯材加工场中通用的手势图　使用这些手势能实现木场内的相互交流。这些手势现在仍在沿用。

表示"大的"或者"做得大一点"

表示"小的"或者"做得小一点"

表示"OK(好的)"

表示"Very Good(非常好)"或者"这样就行了"

表示"突然返回"

表示"翻筋斗(翻转锯材的方向)"

表示"等一等"

表示"留下"或"靠近自己这边"

行话

　　行话是一种数字的表达方式。这种表达方式不用于木场内,而用于木材交易时,是为了使顾客听不懂而在木材店同事之间使用的一种语言。因为有时候建筑商会来预先检查木材,所以用行话这种暗语来交流价格。

用于制作非木材制品与可提供食品的有用植物

用于制作非木材制品的有用植物

植物（中文名）	拉丁学名	英文名	科属分类
楮	*Broussonetia kazinoki*	paper mulberry	桑科构属（散）
结香	*Edgeworthia chrysantha*	trident daphne	瑞香科结香属（散）
雁皮	*Diplomorpha sikokiana*	Shikoku daphne	瑞香科雁皮属（散）
胡椒木	*Zanthoxylum piperitum*	Japanese pepper tree	芸香科花椒属（环）
漆树	*Rhus verniciflua*	lacquer tree	漆树科盐肤木属（散）
毛果槭	*Acer nikoense*	Nikko maple	槭树科槭属（散）
糖槭	*Acer saccharum*	sugar maple	槭树科槭属（散）
肉桂	*Cinnamomum verum*	cinnamon	樟科樟属（散）
全缘冬青	*Ilex integra*	bird-lime holly	冬青科冬青属（散）
无患子	*Sapindus mukorossi*	soapberry	无患子科无患子属（散）
棕榈藤	*Calamus* spp.	rattan	棕榈科省藤属（散）
棕榈	*Trachycarpus fortunei*	windmill palm	棕榈科棕榈属（散）
竹	*Bambusoideae*	bamboo	禾本科竹亚科（散）
木樨榄	*Olea europaea*	olive	木樨科木樨榄属（环）
沉香	*Aquilaria agallocha*	eagle wood	瑞香科沉香属（散）
马钱子	*Strychnos nux-vomica*	strychnos	马钱科马钱属（散）
阿拉伯胶树	*Acacia senegal*	Arabia hevea	豆科金合欢属（环）
胶木	*Palaquium gutta*	gutta-percha tree	山榄科胶木属（散）
日本油桐	*Aleurites cordata*	tung oil tree	大戟科石栗属（散）

可提供食品的有用树种

树种（中文名）	拉丁学名	英文名	科属分类
杜仲	*Eucommia ulmoides*	eucommia	杜仲科杜仲属（散）
无花果	*Ficus carica*	fig tree	桑科榕属（散）
月桂	*Laurus nobilis*	laurel	樟科月桂属（散）
桃	*Amygdalus persica*	peach tree	蔷薇科桃属（散）
杏	*Armeniaca vulgaris*	apricot tree	蔷薇科杏属（散）
李	*Prunus salicina*	plum	蔷薇科李属（散）
苹果	*Malus pumila*	apple tree	蔷薇科苹果属（散）
胡枝子	*Lespedeza bicolor*	bush clover	豆科胡枝子属（散）
温州蜜柑	*Citrus unshiu*	mandarin orange	芸香科柑橘属（环）
夏橙	*Citrus natsudaidai*	Chinese citron	芸香科柑橘属（环）
立花橘	*Citrus tachibana*		芸香科柑橘属（环）
香橙	*Citrus junos*	aromatic citron	芸香科柑橘属（环）
酸橙	*Citrus aurantium*	bitter orange	芸香科柑橘属（环）
枳	*Poncirus trifoliata*	trifoliate orange	芸香科枳属（环）
枣	*Ziziphus jujuba*	jujube	鼠李科枣属（散）
葡萄	*Vitis vinifera*	grape	葡萄科葡萄属（散）
茶	*Camellia sinensis*	tea plant	山茶科山茶属（散）
牛奶子	*Elaeagnus umbellata*	silverberry	胡颓子科胡颓子属（散）
石榴	*Punica granatum*	pomegranate	石榴科石榴属（散）
枸杞	*Lycium chinense*	matrimony vine	茄科枸杞属（散）
榴梿	*Durio zibethinus*	durian	木棉科榴梿属（散）
可可	*Theobroma cacao*	cacao	梧桐科可可属（散）
中华猕猴桃	*Actinidia chinensis*	kiwi	猕猴桃科猕猴桃属（散）
莽吉柿	*Garcinia mangostana*	mangosteen	藤黄科藤黄属（散）
番木瓜	*Carica papaya*	papaya	番木瓜科番木瓜属（散）
小粒咖啡	*Coffea arabica*	common coffee	茜草科咖啡属（散）
椰子	*Cocos nucifera*	coconut palm	棕榈科椰子属（散）

楮 paper mulberry

桑科构属（散）

拉丁学名：*Broussonetia kazinoki*

【分布】用作造纸原料的楮，在日本南部地区种植。

桑科的楮，主要分为四种：真楮、高楮、梶楮、蔓楮。楮自古以来就在各地种植用于造纸，生长于日本青森县以南的各地。

楮也作为和纸的原料使用，楮纸适合用作书画纸、金箔衬纸、手工纸。

结香 trident daphne

瑞香科结香属（散）

拉丁学名：*Edgeworthia chrysantha*

【分布】结香原产自中国，树皮可制作成优质的和纸，在日本青森县以南栽培。

日本天明年间（18世纪80年代）为了制造骏河纸，各地栽培了骏河种的结香。静冈县、山梨县、高知县、爱媛县盛产结香造纸原料。最近，就连九州也增加了种植量。

结香纸比楮纸硬，适合精巧印刷（纸币等）或水印纸印刷。入秋时砍其树枝，蒸煮后刨皮晾晒（日光干燥），便成"黑皮"。用刀具等手工剥开黑皮，留下的"白皮"由日本造币局采购。进入造币局之后的工序保密。结香原材料中仅有3%能够制造成纸。

结香的花从枝头分三朵开放。

雁皮 Shikoku daphne

瑞香科雁皮属（散）

拉丁学名：*Diplomorpha sikokiana*

【分布】雁皮是制造和纸中的高级薄纸的原料，分布于日本静冈县、石川县以南的本州及四国，九州仅在有田市附近的黑发山周边生长。

在树木大量吸收水分的夏季之前将雁皮的树枝砍下，剥掉树皮后日光干燥，便可加工成"黑雁皮"。将其浸入流水中，软化并剥掉黑皮之后，曝露于日光中成白色，便是造纸原料"晒雁皮"，可提取量仅占原材料的8%左右。记录重要文书时，限定使用优质的雁皮纸。雁皮生长于贫瘠土地的蛇纹岩地带，栽培困难且很少栽培成功。

雁皮是瑞香科的灌木，同种的还有小雁皮、樱花雁皮、蓝雁皮等，广泛生长于澳大利亚、夏威夷群岛等地。小雁皮等纤维弱，不适合用于造纸。

胡椒木 Japanese pepper tree

芸香科花椒属（环）

拉丁学名：*Zanthoxylum piperitum*

【分布】胡椒木分布于日本北海道的日高以南。

胡椒木是芸香科的香木。果实或种子是常用的香料，归入食品原料的门类。用胡椒木的果实捣制而成的胡椒粉常被各地作为土特产售卖。此外，其木材可加工制作成拐杖、茶托、汤碗等，几乎没有木材批量利用的情况。

漆树 lacquer tree

漆树科盐肤木属（散）

拉丁学名：*Rhus verniciflua*

【分布】漆树原产自中国，在日本各地均有种植。

　　漆树是落叶乔木。只是触碰到有时也会引起过敏反应。树皮为灰白色，树叶为 3~9 对蛋形或椭圆形的小叶构成的羽状复叶，呈绚丽的红色。

　　与漆树同属的还有台湾藤漆（*Rhus ambigua*）、毛漆（*Rhus trichocarpa*）、野漆（*Rhus succedanea*）、木蜡树（*Rhus sylvestris*）等树种。

肉桂 cinnamon

樟科樟属（散）

拉丁学名：*Cinnamomum verum*

【分布】肉桂种植于日本和歌山县、九州，桂皮可作为食用香料。

　　肉桂分为许多种类。通常广为人知的天竺桂分布于宫城县以南，从树根或树干采集到桂皮作为嫁接肉桂的砧木。树皮可制作香料的肉桂自然生长于九州南部至琉球群岛。能够制作珍贵香料的锡兰肉桂分布于印度尼西亚、缅甸、印度、斯里兰卡。药用的玉桂分布于中国南部至爪哇岛，这种桂皮称作"cassia"。

　　天竺桂的树干部分用作器具材或薪炭材，但作为木材使用的例子并不多见。其材色呈浅黄褐色，材质中等偏硬，逆向纹较多。

 竹 bamboo

禾本科竹亚科（散）

拉丁学名：*Bambusoideae*

【分布】竹在日本各地均有种植。

　　日本大多数竹是从中国移植的。

　　具有代表性的竹：真竹（苦竹）、孟宗竹、布袋竹（人面竹）、破竹（淡竹）、黑竹（胡麻竹）、佛面竹（龟甲竹）、女竹（川竹、山竹）、箭竹（筱竹）等。最大的孟宗竹生长于日本函馆以南。

　　竹在木质的植物中生长最快，竹材的有效利用可以解决资源枯竭的问题，它是可以实现持续生产的植物。真竹用于制作椽木、竹筒水管、导雨水管、桶箍、竹帘、伞骨、茶具、竹笼等。孟宗竹材质比真竹软且脆，不适合制作精细物品，可制作花瓶、支柱等；孟宗竹生长快，用途却不多，开发其利用价值是亟待解决的课题。

　　女竹的节长，材质极具黏性，可用于制作团扇的骨架、灯笼、钓竿。箭竹曾经用于制作弓箭，作为军需品；其竹节基本没有凸起，用于制作钓竿、团扇的骨架、笔筒、灯笼等，还可用于建造土墙。

　　真竹、孟宗竹、破竹、女竹的竹笋可食用。真竹或孟宗竹的竹皮可用作包装材料，一度需求量较大，但包装材料替换成塑料之后，采伐量骤减。此外，竹还是专业室内装饰中使用的珍贵材料。

棕榈 windmill palm

棕榈科棕榈属（散）

拉丁学名：*Trachycarpus fortunei*

【分布】棕榈分布于日本关东以西。

棕榈原产自中国，在日本九州自然生长。日本各地均有种植，关东以西的温暖地带尤其生长茂盛。棕榈的主要用途是将树皮制作成扫帚，或者制作成棕榈绳。叶子可以制作木屐带、夏帽、铺垫物、草鞋。

棕榈树干中形状较好的制作成壁龛支柱。此外，制作寺庙的撞钟木首推棕榈木材，因此一些寺院种植棕榈。

木樨榄 olive

木樨科木樨榄属（环）

拉丁学名：*Olea europaea*

木樨榄原产自非洲，欧洲南部有种植。果实可以食用和榨油，在食品界为人熟知。在日本的小豆岛也有种植。

其为乔木，但没有通直的树干，尽是些弯曲的树枝。没有粗圆木，大多是短尺寸的木材（长1.5m左右）。

木材的物理特性没有试验记录，详细情况并不清楚，但材质非常坚硬，加工却很容易。干燥时容易从切口开裂，在切口涂胶，花费一年左右的时间缓慢干燥则不会开裂。

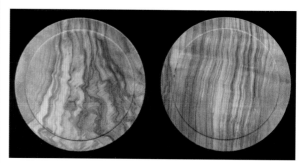

木纹独特的木樨榄材制作的木碟。

木材交易的基本知识

木材的形态按照"立木→圆木→劈材→锯材→加工材"变化，各阶段都能交易。世界范围内有许多木材交易方法。日本以形状分类作为最简单的判定木材量的方法，使用单位"石"掌握木材的量。木材价值由两个因素确定，质量和数量。但是，如何确定木材质量的基准值还没有明确的方法。日本农林标准中包含了木材的等级确立规定，但实际交易中基本不使用。在日本市场，确定木材的关键要素"质量"时，依据自古以来的交易习惯形成的特殊评价方法。

木材有着各种各样的名称。木材维持有生命的状态时称作树木，以树木状态交易时称作立木。立木采伐之后，作为一种材料则称作木材（wood）。采伐后的立木称作圆木，圆木被看作制作某种东西的原料时称作原木。采伐工地用手斧等将圆木切削成接近四方形的木材，这称作劈材。从东南亚或南美进口的硬木类将不需要的边材部分切掉，加工成外形圆润的长方形木材出货，这种状态正是劈材的形状。

最接近原料形状的锯材称作"cants（四角木材）"，厚度和长度被统一为多个种类，是准原木的锯材。对应不同用途分为多个等级的大锯材称作"flitch（料板）"。加工成最终用于建筑或家具中的所需尺寸的木材称作锯材。

木材的成本是种植林（木材培育）费用和次生的运输费用及加工费用的总和。木材价格的构成比例中，木材的搬运费用和木材加工所需能耗费用占到大半。将木材的价格归结为能耗费用也并不为过。以锯材形式交易的木材的价格是在入手的平均价格基础上，考虑各种木材所特有的装饰性价值和稀缺性，由买家和卖家商议形成。这就形成了木材的交易市场。

各木材商在交易过程中，通过木材质量和数量的乘积来确定金额，以进行木材交易。也就是说，求取材积，并乘以单位材积的价格，以此算出交易对象（木材）的金额已成为木材交易中的基本方法。

木材的数量和质量的掌握及表示方法

Ⅰ 材积的单位

世界范围内，表示木材数量的单位有很多。日本施行的是米制法，木材的单位以米制单位表示。材积单位为立方米，符号 m³。

在日本，为了掌握木材数量，尺贯法时代曾以"石"为单位。即使出现了米制法，仍然保留了"石"的概念，对木材尺寸及价格的确定产生了重大影响，所以需要对"石"的单位概念进行说明。

①单位石

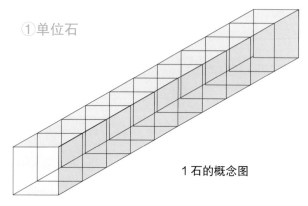

1石的概念图

边长1尺的10个正方体连接而成的柱状方材就是1石。这接近木材原本的形状。以单位石为基础的木材数量及金额的计算方便了日本的木制建筑的建造，是一种实用的方法。充分理解石的概念，可以了解日本国内的木材交易状况。

1石为1尺（宽）×1尺（厚）×10尺（长）。

如果按照米制法计算1石：

$0.303^3 \times 10 \approx 0.278\ 181 \text{m}^3$

●石计算中所使用的木材尺寸的表示习惯和石计算的位数调整方法

圆木以尺表示长度和直径，计算式如下：

长度 × 直径的二次方 ÷ 10 = 材积

方材以尺表示长度，以寸表示宽度，计算式如下：

长度 × 宽度的二次方 ÷ 1 000 = 材积

板材以尺表示长度，以分表示厚度，宽度则以寸表示，计算式如下：

长度 × 厚度 × 宽度 ÷ 10 000 = 材积

例如，长12尺、厚6分、宽8寸的板，材积为：

$12 \times 6 \times 8 \div 10\ 000 = 0.057\ 6$ 石

此数值的读取方法：将0.057 6石读作5升7合6勺。如果是以石为单位的合计材积，表示至小数点后第3位作为有效材积已成为交易习惯。

计算大量木材时，有各种简便的方法。但是，同一尺寸的木材频繁交易时事先计算1根的材积或1捆的材积，再乘以个数就能求得全部材积。这种事先计算的最小交易单位的材积称作"单位材积"，只限这个单位材积表示至小数点后第4位。

②米制法的木材量表示方法

在木材业界或土木业界，将立方米作为体积单位使用是法律规定。

石和立方米的换算如下所示：

1石→约 0.278m³　　　1m³→约3.6石

尺贯法单位与米制法单位的换算表[*]

	尺贯法单位	米制法单位换算	相互换算
长度	尺	1 尺 =0.303m ≈ 0.994 2ft	1 尺 =10 寸
	丈	1 丈 =3.03m	1 丈 =10 尺
	寸	1 寸 =3.03cm	1 寸 =10 分
	分	1 分 =3.03mm	1 分 =10 厘
	厘	1 厘 =0.303mm	1 厘 =10 毛
	毛	1 毛 =0.030 3mm	最小单位
	间	1 间 =1.818m ≈ 1.82m	1 间 =6 尺
	町	1 町 =109.2m	1 町 =60 间
	里	1 里 ≈ 3.931 2km	1 里 =36 町
重量	贯	1 贯 =3.75kg ≈ 8.267 3lb	1 贯 =1 000 文目
	文目	1 文目 =3.75g	1 文目 =10 分
	分	1 分 =0.375g	最小单位
	斤	1 斤 =602g ≈ 600g	1 斤 ≈ 160 文目
材积	石	1 石 =0.278 18m³	1 石 =10 斗
	斗	1 斗 ≈ 0.027 8m³	1 斗 =10 升
	升	1 升 =0.002 78m³	1 升 =10 合
	合	1 合 =0.000 278m³	1 合 =10 勺
	勺	1 勺 ≈ 0.000 028m³	最小单位

③单位 BM（Board Measure）

北美主要使用英寸、英尺[**]等长度单位的地区，使用单位 BM。BM 是 Board Measure（板积测量）的首字母缩写。1BM 的大小与 1 石不同，以薄正方形板为概念（如下图所示）。尺寸表示方法是，直径或宽度、长度使用英尺，厚度使用英寸。综合材积是将小数点后的数字四舍五入，材积以整数表示。

1BM 的概念

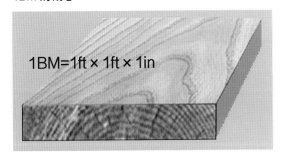

$$1BM=1ft \times 1ft \times 1in$$

●以单位 BM 交易时的注意事项

米制法施行之前，木材进出口以英尺为单位计算，以 BM 为单位填写的圆木明细表在通关手续的文件中需要使用。现在，国外生产的锯材也有以 BM 为材积单位进出口的，但日本必须换算成立方米进行交易。正确换算 BM 和立方米的方法如下所示：

$1BM=（0.304 8m）^3 \div 12 \approx 0.002 359 7m^3$，反过来算就是 $1m^3 \approx 423.782 68BM$。

目前的交易习惯是，424BM=1m³=3.533 石。木材的价格以单位石确定时，乘以 3.533（而不是 3.6）作为 1m³ 的价格的换算方法已成为木材业界的交易习惯。

以 BM 表示材积的木材换算成立方米计算金额时，会因计算方法而出现较大差异。这种差异是使用旧交易习惯的换算率和使用数学运算法或正确率较高的换算率计算时产生的误差。

1 尺为 0.303m，1ft 为 0.304 8m，使用尺贯法的时代人们将 1 尺和 1ft 大致看作相同尺寸。基于这种思路，1 立方尺相当于 12BM，1 石为 120BM 的换算率已固定成为交易习惯。另外，通过施行米制法，3.6 石作为 1m³ 的换算率固定为交易习惯。使用此换算率，将立方米换算为 BM，则 120×3.6=432BM=1m³。这种方法计算的结果和正确测量的结果之间存在 8BM 的误差。

例如，依据旧交易习惯，以每石 10 000 日元的价格确定 1 000BM 的木材的总金额时如下所示：

$1 000 \div 120 \times 10 000 \approx 83 333$ 日元

---

[*] 本书所有的尺贯法单位与法定计量单位的换算均参照此表。
[**] 1in（英寸）=2.54cm，1ft（英尺）=0.304 8m。

另外，BM 数除以 424 所得材积乘以 3.6 倍石单价计算的金额为 84 906 日元，算出最高金额。BM 数除以 432 所得材积乘以 3.533 倍石单价计算的金额为 81 782 日元，算出最低金额。

BM 数除以 424 所得材积乘以 3.533 倍石单价计算的金额为 83 325 日元。这是一种正确计算金额的方法，已成为当今交易所用的方法。

同正确方法所得数值的误差最高额占 1.90%，最低额占 1.85%。按照石计算方法，相同木材的合计金额为 83 333 日元，仅相差 8 日元，基本正确。基于事实可知，石计算方法更容易且合理。

以立方米为单位表示相同木材，对照米制法的标准计算时，造成了更大金额的误差。为了避免这样的误差，一般的商业交易中，通过材积计算金额时均以立方米为单位确定单价，而不以单位石确定单价。

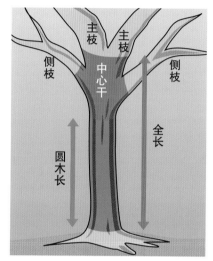

阔叶树各部位示意图

阔叶树和针叶树的生长过程不同，树木形状有明显差异。针叶树基本呈电线杆状，没有较大树枝，采伐现场的锯切作业也很简单，不需要很高的技术就能加工成圆木。

阔叶树则会分出较大树枝，树形复杂。最初分枝的叫作主枝。

日本的林业从业者将阔叶树的主枝分开部分称作中心干。采伐时将上图红色部分的中心干保留于主干侧，用吊车等吊起其上部的主枝，采伐主干作为圆木。阔叶树仅将去除中心干部的主干作为圆木。树皮能够防止滚动木材时小石子嵌入木材内，采伐现场尽可能避免将树皮从圆木上剥离，作业时需注意。圆木在水中保存时，树皮能够防止贝壳虫等附着。树皮还能防止圆木表面干裂等。但是，圆木长时间带皮放置的话，可能导致虫或腐蚀菌侵入树皮和木材的接合部，所以尽可能不要剥开圆木的树皮，在虫或腐蚀菌附着前剥开树皮制作锯材才是最好的方法。

II 各种形状木材的测量方法和材积计算方法的示例

①圆木

立木采伐后将不需要的小枝叶或树梢清除掉，成为适合堆放或搬运的形态，即圆木状态。

圆木的测量部位

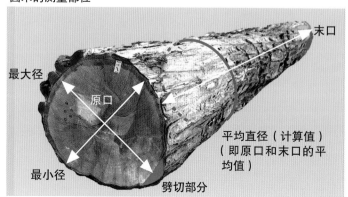

小知识

GANDA 是一种用于转动圆木的工具。圆木用这种带钩的工具滚动，进行尺寸测量或登记区分，在此之前不可剥掉树皮。

为了降低运输费用，省去收货地点剥树皮的工时，也有在圆木产地剥掉树皮后出口的例子，但并不适用于干裂严重的北美材。

圆木的形状大体呈细长的圆台形。圆木的测量部位如第 194 页左下图所示，是指圆木的长度（高度）及两侧的切口直径。圆木的树梢侧切口称作末口（top），树根侧切口称作原口（butt）。测量各切口的最大径和最小径。测量圆木长度时，并不沿着曲线测量，而是相当于测量弓弦的长度。长度也写作"长级"。

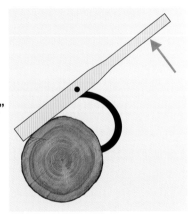

工具"GANDA"

上图中的工具是日本独有的木材处理工具"GANDA"，在锯材机械之间的运送装置尚未实现自动化的小规模锯材工厂或圆木堆放场使用。沿着图中红色箭头方向施力，就能轻松转动圆木。

测量圆木的直径时，要测量除树皮以外的木材部分；但如有褶皱，则以除去褶皱部分的椭圆为测量对象。

圆木的切口基本不可能是正圆形，椭圆形较多见。通过树中心的最长距离为最大径，与其垂直的最大距离为最小径。如果是圆木长度的中间位置，实际上无

法正确测量直径，只有通过另外三种方法得到：计算求取，测量外周并推测，使用大游标卡尺测量。仅测量切口在采伐现场或搬运现场不需要大型工具，符合实际情况。

平均直径是指切口的最大径和最小径的平均值。末口和原口的平均直径（计算平均值）称作中间平均值，通过某种方法测量圆木的中间点所得直径并不是平均直径，而是中间直径。切口（cut end）出现较大缺陷时，计算时用长度或直径的测量值减去缺陷值。计算过程中的尺寸扣除称作"尺寸减除"或"验证尺寸减除"。圆木的中心产生较大空洞时，测量其体积，体积计算时由圆木体积减去空洞体积，所得结果作为此圆木的体积，也就是"减石（deduction）"。这是一种多种场合共通的测量方法。通过确定木材各部位的情况正确测量的过程就是"检知"。

● **基于日本农林标准的圆木材积计算法（基于米制法的现行方法）**

日本农林标准中，以在末口最小径处外切的正方形为顶部的柱体的体积即为圆木的材积。

旧农林标准也是相同方法。从统计学角度观察这种方法，经验值证明所得体积基本同日本产的圆木实际体积一致，这就是采用这种方法的依据。

圆木的材积计算公式因其长度而异，所以将

依据日本农林标准计算圆木材积的方法示意图

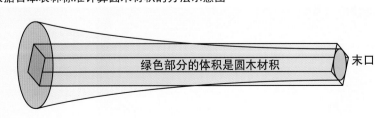

绿色部分的体积是圆木材积　末口

圆木分为两个等级。

第一等级是长度不足 6m 的圆木，将其称作"定长圆木"；第二等级是长度 6m 以上的圆木，称作"长圆木"。

长圆木可以制作成两层建筑的支柱中所使用的锯材，将其截断以圆木形式交易的日本产木材并不常见。

·基于日本农林标准的长度测量

圆木长度以 20cm 的间隔测量，长度以单位米表示。不足 20cm 的部分不测量，从数值中舍去。但是，也有 1.82m 和 3.64m 的特别长度。

·基于日本农林标准的直径测量

圆木直径仅测量末口（top）的最小径（下图红线），以 2cm 的间隔测量，不足 2cm 的部分舍去，直径以单位厘米表示。

切口为极其扁平的椭圆形的圆木称作"五平"。五平按照一定比率将直径加上附加值所得合计值就是直径数值。直径 14cm 以上的圆木，最大径和最小径的差达到 6cm 以上的话，最小径中需要加上 2cm 的附加值。

圆木直径超过 40cm，且差值达到 8cm 以上时，

直径加上 2cm 的附加值。

最大径为垂直于图中红线的蓝线的长度，最小径为通过树芯的红线的长度，并不是竖直的蓝线的长度。用游标卡尺从外侧测量的话，竖直的蓝线的长度会被计为最小径，按照日本农林标准，这样并不正确。

·定长（不足 6m）圆木的材积计算式

定长圆木材积（m^3）= 末口最小径的二次方 × 长度 ÷ 10 000（四舍五入至小数点后第 3 位）

第 195 页的右下图为定长圆木的材积计算的示意图。按照这种方法，如果是圆木的树梢侧部分，则计算体积比实际体积大；相反，如果是根侧部分，则计算体积比实际体积小。通过农林部门的实验可知，该数学方法计算所得体积与测量日本产圆木（主要是针叶树）所得实际体积基本符合，所以此计算式可用于定长圆木材积的计算。

·6m 以上长圆木的材积计算式

长圆木材积（m^3）= {（末口最小径）+［（长度 -4）× 1/2］}^{2}× 长度 ÷ 10 000（四舍五入至小数点后第 3 位）

例如，长 8m、末口最小径 24cm 的圆木材积计算如下：

24+［(8-4) × 1/2］=26cm 为直径。

此圆木的材积是 $26^2 × 8 ÷ 10\ 000=0.541m^3$。

超过 6m 的长圆木根侧会变粗，需要将长度对应的系数考虑在直径中，根据实际状态调整材积。日本农林标准是基于日本产圆木的形状编制而成的。

进口材中常见的末口和原口基本相同，切

口接近正圆形的粗圆木使用这种方法计算的话，会导致圆木材积计算结果明显过大。通过后述的布雷顿法能够正确计算进口圆木的材积，所以进口材不使用日本农林标准法计算材积。日本农林标准的材积计算方法是适合日本树木的独特方法，其他使用情况并不多见。仅测量圆木末口最小径和长度就可以实现材积计算，圆木的检验作业得以简单化。

●日本的木材测量相关的特殊术语

【玉】

"玉"在日语中的意思是球，但是，用于木材中是指长度可满足需求的一根圆木。

能够采伐 3 根玉的立木中，最底部的玉称作"芝付""元玉"和"一番玉"，中间的称作"二番玉"，最接近树梢的称作"里玉"。即使看不见树节，外观较好，里玉的内部材质也不比"元玉"好，所以人们常说："没有比元玉好的里玉。"

【寸制（＝建）】

此为木材界常用的术语。约定以 1 寸为单位测量木材，称为"寸制"。以 5 分为单位测量为"5 分制"，以 1 尺为单位测量为"尺制"。

以 10cm 为单位测量，称为"10cm 制"。"制"前面加上的尺寸表示约定以此尺寸为标准。"5 分制"是比"寸制"更为精细的测量制度。简而言之，即使用"制"之前所带数值刻度的量规进行测量。没有毫米刻度的厘米刻度尺或 5 分刻度尺等专用量规在木场有售。正面 10cm 刻度，背面 5 寸刻度的卷尺，可用于检验圆木。

测量圆木中间位置的量规和农林检测所使用的工具都是大型游标卡尺，它是使用黄铜等难以腐蚀的材料制作的。

●用布雷顿法计算圆木材积

布雷顿法将圆木作为圆柱形计算材积，与之前将圆木作为长方体计算材积的方法有所不同。材积在英寸、英尺法中以 BM 为单位表示，在米制法中则以立方米为单位表示。这是木材进口时用于通关手续中的方法，计算式使用任何单位大体相同。

用布雷顿法计算圆木材积的示意图

圆柱形部分的体积为圆木材积

·长度和圆木直径的测量方法

英寸、英尺法以 1ft 制测量长度，米制法以 20cm 制测量长度。长度的测量方法同此前说明的方法基本一致。

圆木直径是通过测量圆木的末口和原口的最大径及最小径，从而求取的平均直径。

英寸、英尺法以 1in 制测量直径，平均直径以 1/4in 制表示。如果按照其他国家原本使用的布雷顿法，则是测量圆木的中间直径，直径以 1/2in 制表示。

日本从 1931 年开始征收圆木进口税，自此圆木直径的 1/4in 制表示方法在日本开始使用。现行的米制法以 2cm 制测量，以 1cm 为单位表示平均直径，平均直径保留整数位。

·材积计算方法

此计算方法首先求取以圆木直径作为单边的正方形的内切圆的面积。内切于正方形的圆的面积为正方形面积的 0.785 4 倍。该内切圆的面积乘以长度所得圆柱体的体积就是圆木材积。按照这种方法，能够精确计算接近圆柱体形状的圆木的材积。相反，如果是根侧较粗的圆木，所得结果可能会超过正确计算的材积很多。根侧较粗的圆木使用含系数的计算方法计算材积。

计算式如下所示，BM 数以整数表示，立方米数四舍五入到小数点后第 4 位。

布雷顿材积=[（末口的平均直径＋原口的平均直径）× 1/2]² × 0.785 4 × 长度

注：0.785 4＝π ÷ 4。

圆木的材积建议参照材积表（官方发布）。

圆木的明细表中记述着各种材积，南洋材或美材的圆木通常按照此明细表交易。按长度将用这种方法计算材积的圆木二等分时，材积并不二等分。锯断圆木时，需要重新测量各圆木的尺寸。此时，合计的材积与锯断之前无异。

②立木的材积计算方法

立木切口的测量实际无法实现，所以使用通过外形判断并测量的方法。目测判断立木的长度能够取多少根"玉"，确定长度。但是，其并不作为树高。

假设右上图的一番玉为 4m，二番玉为 3m，此立木的长度为 7m。其他部分和树枝即使有用，也不作为测量对象。立木直径为人体胸部高度位置的平均直径，即图中箭头所指部分的直径。通过在树干部位绕线，测量周长以求取直径，这就

胸高直径

是胸高直径。

从树皮外侧绕线测量周长时，根据各木材种类调整树皮的厚度，修正测量周长值。圆木直径是将按 2cm 制测量的修正周长数值除以 3，且舍去小数点后的部分所保留的整数。

材积的计算方法使用日本农林标准的计算式。

立木材积（m³）= 胸高直径的二次方 × 有效树高 × 1/10 000

通过本方法将一定区域内的立木全部测算，计算出的总材积就是"蓄积量"。立木的交易量是其蓄积量乘以各木材种类的采伐率。根据木材种类及地区，立木的材积有一定差异，所以本书无法充分说明所有木材的情况。全蓄积量是根据采伐的圆木的材积计算得到的。

③以称重交易木材的方法

前文对获取圆木材积的方法进行了说明。但

小知识

唐木制品是指使用由奈良时代的遣唐使带回日本的珍贵木材制作的物品。它们使用传统技法制作，并进行适应当今生活习惯的改良。唐木通常是指紫檀、黑檀、花梨、铁刀木等木材。

是，也有测量木材重量，并以此确定价格的方法。黑檀等唐木以重量单位"斤"交易。

唐木是指具备区别于日本产木材的独特色彩，且材质非常坚硬的木材，如紫檀、黑檀、铁刀木、白檀、花梨等珍贵木材，基本上以杣的状态（形状接近长方体）交易。杣形的唐木尽可能多地保留了可使用部分，尺寸也各有不同。相比通过尺寸表示各种形状，称重则更简单，所以在各木材上标注着以斤为单位的重量。

以斤为单位进口的唐木，在日本则必须以立方米为单位交易。重量换算成体积时不判断密度则无法计算，所以要根据产地确定树种的密度。

④锯材的测量和材积计算法

锯材的材积计算使用基本的"长 × 厚 × 宽"的计算式。但是，成为锯材后各木材的形状变小，会因交易量而出现较多根数，导致计算烦琐。在没有计算机的时代，人们通过算盘解决了这个问题。

●第一方法——单材积法

柱材等按照同一尺寸批次交易，事先计算一根柱材的材积，再乘以根数就能获得整体的材积。这种事先计算的材积称为"单材积"，米制法保留至小数点后第 5 位，石计算保留至小数点后第 4 位。

频繁交易的木材的单材积在木材业者之间作为常识牢记于心，经常使用。这就是所谓的单材积法，垂木等成捆的木材也使用单材积法计算材积。

●第二方法——延伸长法

测量切口尺寸相同的各种长度的木材时，首先计算各长度木材的合计长。接着，计算批次木材整体的合计长。切口面积乘以该合计长，可获得整体材积。此合计长称为"延伸长"。这种方法的思路是将长度连接，成为一根非常长的木材，并计算长度和材积。

阔叶树木材的家具用方材长度并不固定，不同长度的木材混装于一个批次中。在制作各种尺寸的家具部件时，长短不一的原料使用更方便，所以通过延伸长法计算材积的情况很多。

●延伸宽度法

在木材厚度相同，长度和宽度各不相同的批次木材的材积计算中使用该方法。阔叶树木材的家具用板材或门窗用直木纹平割板等常采用这种计算法计算材积。

平割是仅限日本使用的木材相关术语，其他国家并没有对应的词语。制作平割板的圆木接近只能够沿着直木纹锯开。平割板保留圆木的树皮侧，所以板宽不均匀。

【批次 =Lot】

批次是木材业界常用的术语，是指垒成小山状的木材及按清单一并堆放的木材。

门窗的原板不应有裂纹，所以木匠从平割材开始就仔细检查大多数框材的木纹，以便选取。这种板又名"修边板"。门窗用平割材，日本关东地区锯切成1寸1分（34mm）的厚度，东北地区锯切成1寸2分（36mm）的厚度。在大雪经常光顾的地区，门窗也对屋顶的雪起到了辅助支撑作用，所以门窗骨架相对较大。

·延伸宽度法

为了方便计算许多种类的木材的材积，需要对其进行分类，这个作业过程称为"取玉"。思路是这样的，先建立木材同各种厚度的关系，再建立同各种长度的关系。

延伸宽度法的示意图

合计面积＝A面积＋B面积＋C面积＋D面积
材积＝合计面积 × 厚度

A长级 　A面积 　A延伸宽度

B长级 　B面积 　B延伸宽度

C长级 　C面积 　C延伸宽度

D长级 　D面积 　D延伸宽度

计算方法如下：

首先，合计各长度木材的板宽，得出延伸宽度。延伸宽度和长度相乘，可计算出该长度木材的表面的面积。

其次，合计各长度木材的表面的面积，算出总面积，总面积乘以厚度便可得出总材积。

基本的延伸宽度法存在一些变化形式，使其使用更方便。其他还有通过面积计算进行木材交易的方法。

·"线检"的方法（延伸宽度的简易测量方法1）

为了使宽度6分（18mm）以下的薄片修边板容易处理，通常将几片捆在一起。此时，各捆中各板的合计宽度表示各捆的板宽。用量规按照指定尺寸制测量，合计板宽标注于表板（最外侧板）上，原则上这才是最正规的方法，但过程较烦琐。简单方法是使用线或柔软的卷尺测量合计宽度。按照这种方法，将线对齐测量部位，用线测量其实际尺寸，将捆中板材的实际全尺寸转换为线的长度，测量板宽。用量规按照5分制或1cm制测量此线的长度，作为此捆的板宽。这同各板按照毫米单位测量全部宽度一样，且能够进行更广泛的测量。

不按照指定尺寸制测量的木材尺寸，称为"表观尺寸"。将捆的全板宽表示在没有刻度的线上，并用直尺测量此线长度的方法称为"线检"。使用带有1cm或0.5寸刻度的软尺更方便。通过这种方法检测的锯材的明细表中，并不注明捆中的各板宽，捆的板宽按照数张板的整体宽注明。尺寸的测量或材积计算能够快速完成，但存在无法掌握木材各自尺寸的缺点。这是对检测有利的方法，而不是掌握正确材积的方法。

·捆扎法（延伸宽度的简易测量方法2）

捆扎法是将线检进一步简化的方法，即限定数张板材的合计宽度，制作成捆。

限定合计宽度成捆，如6尺捆是指选择合计宽度为6尺的各种宽度的板材制作成的捆。在所有捆中，6尺捆较为常见，当然也可以选择其他合适尺寸。使用这种方法检测的木材，捆的宽度一定，能够快速计算材积。

· 坪扎法（延伸宽度的简易测量方法3）

通过面积交易木材的方法依据以下内容说明。将木材面积限定为1坪，制作成捆，此即"坪扎法"。拼接板、壁板的原料材均采用这种方法制作成捆。交易单位不是面积，而是材积。但是，每种木材都已掌握1捆的材积，计算方便且快捷。

通常，内部装饰用木材长度以12尺（约3.64m）为基准，9尺和6尺的短材作为交易对象。但是，即便木材的实长超过此标准，超过部分也不能作为材积计算的对象。外部装饰用木材认定4m、3m及2m为固定尺寸。石计算的时代也有与米制法相同的尺寸：13.2尺、10尺、6.6尺。此时，木材难以整合为1坪，所以将与12尺（约3.64m）的木材相同宽度的木材制作成捆。总而言之，这是一种仅适用于大量生产的高需求量木材的捆扎方法。当然，4m捆和3.64m捆的单位材积有所不同。

搭接加工或插接加工的木材计算有效宽度后作为1捆。屋顶隔板等所使用的木材以表面面积达到1坪的为1捆。混凝土面板等胶合板替代屋顶隔板使用之后，这类成捆薄板的需求量减少。但是，由于其透气性良好，湿气较大的地区重新认识到屋顶隔板的优点，其需求量相应增加。

● 通过面积计算进行木材交易的方法

在日本，用于覆盖平面的木材习惯通过面积计算方法进行交易。其面积的单位使用"坪"。条状板材、天花板、壁板、屋顶隔板、挡板、预设板均使用这种方法进行交易。

· 原板宽度和有效宽度

木材加工成条状板材使用时，木材的有效宽度比原板减小。有效宽度如下图所示，是指条状板材的白色箭头部分的宽度。

为了获得此有效宽度，需要准备黑箭头宽度的原板，这个宽度就是原板宽度。

原板宽度与有效宽度

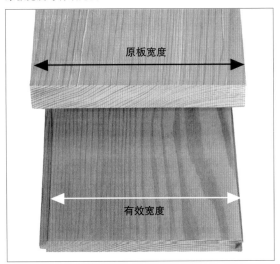

插接加工或搭接加工中使用的木材按照有效宽度进行面积计算。条状板材面积达到1坪的为1捆。室内装修用条状板材以12尺为固定尺寸。1坪为36尺^2，所以12尺条状板材的延伸宽度等于3尺时为1坪。

日式回廊的条状板材主要是柏木。柏木大多加工成柱或桁的尺寸，条状板材的原板与其尺寸相同，加工宽度3.5寸。3.5寸原板加工之后，有效宽度为3.3寸。3.3寸宽的条状板材9张为1坪，严格来说合计宽度只有2.97尺。但是，按照商业习惯，3.3寸板以9张为1坪在使用上并不存在问题。

加工后的挡板、壁板、预设板与条状板材一样，按照有效宽度计算并进行交易。

屋顶隔板等不需加工，而是平整排列使用，没有超出、重叠的部分。所以，此时以原板宽度进行坪计算。

阔叶树木材的地板按照最短长度40cm、宽度10cm制造。此时，地板的面积计算以所有长度为对象，不可能按照坪和捆的对应关系考虑。地板用于西式装修，日式回廊中使用的柏木则称作"条状板材"。

坪是日本在木材利用时极其方便的单位，在木材交易中频繁使用。如果依据目前的米制法交易，坪换算成平方米时，1坪为3.3058 m^2，商业习惯则是1坪为3.3 m^2。

Ⅲ　掌握木材品质的方法

①树木生长过程中形成的各种木材构造

树木主要由三个部分构成：根、树干、叶。通常，包含树在内的很多植物由叶子吸收二氧化碳，由根部吸收水、养分及部分氧气，排出树叶通过光合作用形成的氧气，生成木质部分。

木质部分生成于树皮内侧的形成层。生成之后木质部分的纤维细胞呈浅黄白色。此部分经过一段时间后附着树脂、胶质，变为树种特有的颜色。尚未开始变色便生成的部分称作"边材"。纤维开始着色，变成树种特有颜色的部分是"心材"，具有树种固有的强度。即便是心材颜色极端异常的树种的木质部分，加工成纸浆之后也能除去附着于纤维上的各种成分，木材纤维可变回刚生成

时的浅黄白色。大多数树种的边材和心材的边界清晰，但华东椴、圆齿水青冈、日本七叶树、枫树等的此边界并不清晰。这类树种的心材异常变化成的伪心（接近树芯）利用率极低，连作为木柴的价值都没有。木材由导管、假导管、木纤维、细胞间沟等构成。木材按照细胞组织的形状和种子的形成方式，大致分为针叶树和阔叶树。此外，导管和假导管造成的木材细胞构成形态差异作为树种分类的指标。

●针叶树（conifer），属于裸子植物（gymnosperm），是无孔材（non-porous wood）

针叶树是约2亿年前在地球上出现的植物，其种子并未被果肉覆盖，所以是裸子植物。针叶树没有导管，由假导管构成单纯细胞组织，是无孔材。带有称作树脂筋（供应树脂）的构造，在组织内各位置形成树脂囊。假导管纤维细胞呈口袋状闭合，其细胞壁带有可开关的阀口，细胞内的水分就是通过这个阀口来控制的。木髓向外延伸，呈放射状，起到储藏营养成分的作用。

如果是直木纹，木髓则以木纹横截面的形状呈现；如果是平木纹，木髓则以木纹形状呈现。杉木的平木纹所呈现的木髓形状称作"杉木纹"，较为出名。

通常，银杏和日本落叶松以外的针叶树在秋季并不落叶。大多数针叶树都是常绿的，连红叶都没有，缺乏视觉美感。常绿的阔叶树也分为几种。

针叶树并不开漂亮的花朵。杉树花粉就是一种肉眼无法分辨的花喷出的花粉，呈雾状飞散。一根树干成长，形成尖塔状。相反，阔叶树则形成树冠，上端呈圆形展开，构成倒三角形。

木材中交替生成纤维稀疏的春材部分（旱材

部分）和纤维紧密的秋材部分（晚材部分），生成年轮。春材部分的纤维生长速度快，长且柔软。秋材部分的纤维短且硬。

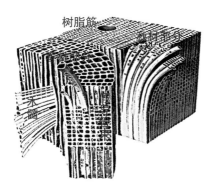

针叶树的假导管束的纤维构造图

树脂筋

● 阔叶树（broad leaved tree），属于被子植物（angiosperm），绝大部分是有孔材（porous wood）

阔叶树是比针叶树晚出现 1 亿年的树种。此树种的构造复杂，主要由导管和木纤维构成。阔叶树的叶形如下图所示。

大部分阔叶树都是落叶树（deciduous tree）。阔叶树盛开美丽的花朵，有的树叶也能变成鲜艳的红色，是养眼的树种，且长出果实来润养人类或其他动物的也多半是阔叶树。作为针叶树的银杏结果实且叶子是阔叶，容易被误认为是阔叶树。

日本落叶松则是线形叶的落叶树。

阔叶树的纤维构造非常复杂，在苛刻环境中也能独立维持生命。阔叶树木材主要由导管构成，各导管接合，形成纤维"导管节"。

各导管节上下连接部分的细胞膜消失，穿孔展开。蒙古栎的穿孔连接得非常长，从 10ft 材的切口吹气能够贯穿至另一侧切口。这种有穿孔的木材称作有孔材。再根据切口侧可见的导管孔的排列形状，分为散孔材和环孔材。

环孔材分为环孔散点材、环孔波状材、环孔放射材、放射孔材，阔叶树在此 4 种环孔材的基础上还有散孔材。提取粘鸟胶的昆栏树是唯一的无孔材。

●构成木材细胞组织的木材纤维构造

树木是生物。树木被采伐之后，即使其名称变为木材（物质名），却仍然延续着抑制水分释放的活动，这是某种意义的生命延续。木材直至停止水分的吸收和释放，才会变成无生命的物质。木材在维持生命过程中根据所在环境中的水分量，产生固有的收缩或膨胀。所以，木材是仅根据水分含有量改变形态的有机物。

阔叶树的叶形

| 线形 | 披针形 | 长椭圆形 | 椭圆形 | 圆形 | 卵形 | 倒披针形 | 纺锤形 | 心形 |

木材的变形和变质仅取决于含水率。依据学术研究，日本扁柏在采伐后200年内抗压性及抗弯性依然缓慢提升，之后约300年内出现30%左右的强度降低，但此后的强度基本无变化。采伐后的一般木材，在与树龄相当的时间内具有材质强度，之后缓慢发展，最终回归自然。基于这个理由，"斯特拉迪瓦里"的弦乐器可以拥有最好的音效。

木材纤维由树皮内侧的形成层生成，初期仅制造出第一次膜。随着树木的不断生长，形成第二次膜；进一步生长并成熟之后形成心材部分，第二次膜变为三层构造，其内侧制造出中层和内层。

各膜由"微纤丝"纤维构成，木质素及胶质等各种物质附着于这种微纤丝上之后，将拉伸力和刚性赋予木材，形成此树种特有强度的木材。第一次和第二次的膜内部储存着维持木材生命的"结合水"。

相邻纤维之间或细胞内穿孔中存留的水分是同木材生命没有直接关系的"自由水"，学者假设将此自由水完全排出，仅结合水存留于纤维内，试着计算其含水率，结果是25%。

这种木材水分保有状态称作"纤维饱和点"，理论上达到这种状态之前，即使木材放出水分也不会收缩，但实际上并不会出现这种状况。木材的形状变化是由结合水的含水量决定的，但自由水达到霉菌、腐蚀菌繁殖的合适温度的话，这些菌类的繁殖就会造成木材分解，从而使其回归自然。这种还原作用是重要的自然功能之一，所以自由水也同木材变质相关。

●**树液的流动方式**

针叶树的假导管闭合之后，各假导管相连部分出现大孔，树液在各假导管的壁孔间流动。阔叶树则以导管节为主要的树液流通道。

由微纤丝形成的细胞壁受到渗透压等的作用，将水分吸收至内部。细胞外侧的水分同纤维收缩无关，但同腐蚀菌的繁殖有关。从木材被采伐的瞬间开始，这些壁孔收缩，发挥着将水分放出控制在最小限度的作用。

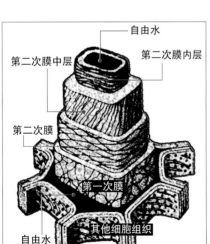

木材的纤维构造

- 自由水
- 第二次膜内层
- 第二次膜中层
- 第二次膜
- 第一次膜
- 自由水
- 其他细胞组织

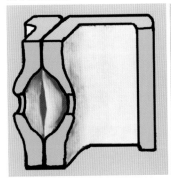
假导管的壁孔

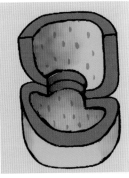
导管节的壁孔

②品质评价对象：木材的生长过程中产生的各种缺陷

●节眼（knot）

木材为了增殖纤维细胞而进行光合作用，为了尽可能多地接收阳光而伸出树枝，长出树叶形成宽阔的面积。通常没有节眼的木材评价较高，但列为木材第一缺陷的"节眼"是树木成长过程中不可或缺的枝叶从树干衍生出的部分，没有节眼的木材并不存在。无节眼部分也仅占整个木材的一小部分，是木材的稀有部分。其生成过程在针叶树和阔叶树中存在差异，它对木材的强度及用途产生着较大影响。

大多数针叶树都是一根树干朝天延伸，在树梢侧呈横向螺旋状伸出小枝，逐渐长大。此横枝从树芯开始分枝，枞树类也有树干木质部分覆盖树皮表面的情况。小枝的树皮残留于树干中的话，就会形成"死节眼（左下图）"。

这个部分干燥之后，死节眼的收缩就会增加，脱落之后就会在该处形成圆孔。死节眼是木材中最严重的缺陷。直木纹面出现死节眼的话，此木材的长度就会被一分为二。死节眼处完全不具备木材的强度。

树木在与展开的枝叶范围大体相当的地下生根。针叶树仅长出小枝，地下的根横向展开并不大，难以形成独立树，适合在群生林中生长。生长于针叶树林中的枝叶缺少阳光的照耀，屈服于自然，树木向上延伸。幼年期失去下枝、向上延伸的树木稍有节眼，可产出大量优质的圆木。

相反，树林外围的树，枝叶扩展至树干下方，会产生较多的节眼。这种树林外围生长的树称作"端缘木"，评价为低等级。在积雪多的地区，树梢会被厚重的积雪折叠，并因此被腐蚀，导致产生树干空洞。

阔叶树分开树干生长，并不像针叶树一样横向展开枝叶，而是呈 Y 形分开树十。如果将枝叶分开部分制作成锯材，节眼和树干的木材部分有机结合，即使干燥之后也不会脱落。针叶树的脱

死节眼的生长示意图和平木纹木材的死节眼

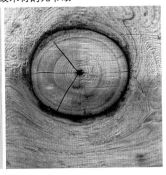

活节眼的生成过程和针叶树的活节眼

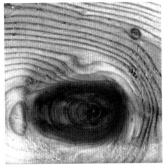

落节眼，在阔叶树中并不会出现。日本扁柏等针叶树木质部分连同树皮一起生长，具有难以形成死节眼的特性。

阔叶树或针叶树的节眼部制作成锯材之后变成第205页右下图所示形状，此为"活节眼"。阔叶树主干中没有脱落节眼或树枝的节眼，阔叶树的锯材通常为无节眼状态。阔叶树锯材品的规定中包含"无缺陷截面"的概念，表示仅将无节眼部分作为交易对象。

直木纹中出现节眼的话，将木材截锯会显现出来。这就是"长节眼"，既不是死节眼也不是活节眼，板材容易从此处折断。节眼是木材成长所需的部分，却也是木材的最大缺陷，所以确定这种木材相关等级的标准极为严格。将节眼用于造型设计则没有限制。

●应压木（compression wood）

下图的节眼下方米黄色带状条纹便是应压部分。

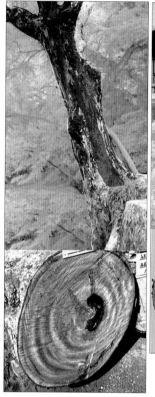

阔叶树的应压部位

针叶树的应压部位

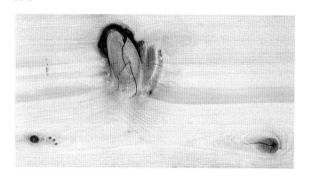

应压部分是指正常木质部生成的高纤维密度的异常组织，呈带状。它比正常部分密度大，木材干燥之后朝着收缩较大的应压部分翘曲。应压部分位于中央时会形成不规则形状的开裂。生长于斜面的树木为了防止自身倾倒，会在接地部附近形成牢固的木质结构。这个部分比正常木质部分更硬，是造成缺陷的应压部分。

针叶树的应压部位通常出现在斜面下侧方向的部分，阔叶树则是在斜面上侧的树干上。阔叶树的分干部必然产生应压部分。难以形成死节眼的针叶树的树枝附近或节眼周围也会产生应压部分。

日本农林标准中，将应压部分作为缺陷的只有青森罗汉柏。青森罗汉柏的应压部分非常多，它的标准中明确记述了将应压部分认定为缺陷的项目。木曾罗汉柏等珍贵木材中罕有应压部分的良材较多，且变形少，获得评价颇高。日本厚朴也是应压部分少的树种之一。

等级设定标准表中没有应压项目是因为"不

存在没有应压部分的木材"是木材相关从业者的常识，将其作为缺陷会导致等级设定标准变得烦琐，所以将其省略。但是，木材交易时具备选择没有应压部分的木材的鉴别能力是关键，无论外形多好，应压木依旧难以在市场上获得较好评价。有没有应压部分，对木材价格会产生较大影响。如果将应压部分制作成锯材，锯身可能会被夹住，从而引起具有危险性的事故。

S 环

环裂

● 裂纹缺陷（crack fault）

裂纹缺陷分为几种：心裂（pith crack）、环裂（eye surroundings split）、干裂（dryness）、贯通裂（trunk breaking）、夹皮、冻裂（frozen lacerations）、炸裂等。炸裂是二次伤害导致的，其他是在木材生长过程中遇到各种障碍而生成的缺陷。

心裂

圆木的中心部位和外围的纤维密度或含水率存在较大差异时，采伐后因内部应力产生的裂纹为心裂，又称"水裂"。圆木越粗，越容易出现这种裂纹。

针叶树的大径木，会产生沿着树枝生长方向分布的螺旋状心裂。采伐后切口不处理，心裂会严重。

环裂

圆木的中心部附近，沿着年轮分布的环状裂纹是环裂。因气候剧烈变化、刮大风或者遭受外部冲击，树木发生了巨大摇动，从而产生了严重裂纹。仅凭立木的外观，难以了解环裂是否存在。

干裂

干裂在平木纹锯材的木表发生。靠近树皮的边材部处于生长过程中，密度大且水分含量高。干燥的收缩率与密度和含水率有关，边材部分收缩大。通常，圆木外围密度较大，木表整体比木里的收缩率高，木材容易产生干裂。应压部分越多的树，越容易产生干裂。针叶树的干裂基本沿着圆木中心，呈螺旋状分布，所以平木纹锯材的木表扭曲是在出现倾斜的连续裂纹之后表现出来的。

木表是指平木纹板的边材附近的面，看似竹

米松的木表平木纹面产生的螺旋状干裂

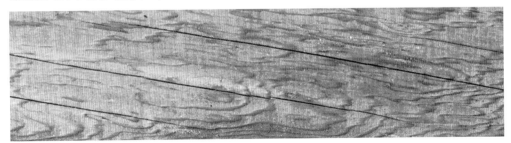

叶木纹渗入木材中。通常，木表侧的木纹显得漂亮，这就是正面，干裂从这个面出现。

接近树芯的平木纹面称为木里，容易出现节眼等缺陷（因为接近树芯），作为反面呈现出不同于木表的木纹形态。表面干燥之后，木表变成凹形，木里变成凸形。

木表和木里

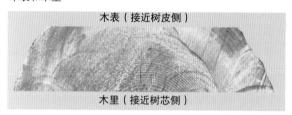

棋盘背面有一处雕刻的方孔，用于促进木材内部水分放出，同时通过去除收缩部分，达到减缓板面翘曲运动的作用。此外，木里不容易出现干裂，可用作棋盘面。

背切

背切是日本林业的独特技术，是将四面均为平木纹的木材进行背切加工，牺牲其中条件最差的一面，防止其他三面干裂的技术。日本产的针叶树材基本通过背切的预防处理就能避免干裂，所以这项技术已被固化。

即使表面稍有干裂现象，只要其他材面收缩，背切开槽的裂纹就会呈扇形扩散，帮助其他材面轻松收缩，发挥预防材面干裂的作用。表面收缩结束且内部开始干燥时开槽变窄，如果树芯稍微干燥就将材面切割成方形，会导致表面成为凸形。因此，产生了薄板插入开槽的表面变形预防工艺。

贯通裂

材质柔软的树种中经常出现贯通裂：树木生长过程中受到外部冲击（风害等），在纤维被弯曲的状态下继续生长所导致的缺陷（下右图 A—A′的部分）。树木出现贯通裂时，贯通裂位置会有几根筋垂直进入树芯，由此开始板被轻易一分为二，这个部分的强度为零。

夹皮

夹皮是树皮夹入树干内部而形成的开裂状态。树干表面由于某种自然条件，会生长为波纹状。这种波纹的波峰变大，波谷处生长缓慢，木质部分横向膨胀形成裂纹。巨大的杉树根、东北红豆杉、日本榉树、黑榆等木材中会经常见到夹皮。

背切加工后的杉木

棋盘背面的方孔

材质柔软的木材经常发生的贯通裂

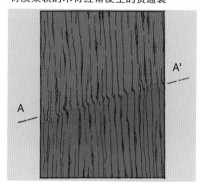

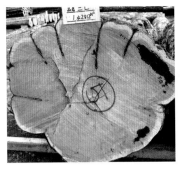

黑榆的夹皮

黑榆的冻裂

阔叶树的树干可见部分内侧经常发生这种现象。发生较多夹皮现象的圆木称作"南瓜"，材质再好也难以获得高的评价。

冻裂（霜裂）

树木受到严寒气候的侵袭之后，内部的树液会冻结膨胀，形成木质部分开裂的割伤。严寒时期的北海道极北的森林，树木冻裂时能够听到闷响声。

冻裂多发于树皮薄的树种中。冻裂损伤大多伴随着环裂，有时出现辐射状的开裂。出现这种裂纹的树木是从哪个方向开始裂开的，即便是专家也难以判断，所以锯材加工非常困难。即使是材质好的木材，也难以定高价。

●锯材加工或采伐时也需要注意裂纹

树木生长过程中发生的一次裂纹如上所述。日本材没有比较大的裂纹，锯材也能够较轻松获取；但南洋材容易出现裂纹，锯材加工时巧妙避开裂纹是关键。

二次发生的裂纹有时也会是圆木的重大缺陷。采伐时出现较多的二次裂纹经常是拙劣的采伐技术或对木材性质的不了解导致的。如果具备正确的经验和知识，就能避免出现这些缺陷。

或者，树木生长环境差、采伐南洋材等伐根巨大的树木或必须在高处作业时，不得已会出现无法完全依照正确采伐方法操作的情况。北美规定伐根必须距离地面18in以内。无法使用正确的采伐方法经常导致二次裂纹的出现。阔叶树未落叶时充分汲取水分，此时采伐会损伤圆木，甚至会使其迅速附着霉菌、腐蚀菌等。要大约在冬季采伐，但毛泡桐在梅雨前采伐最佳。所以，按照采伐时期采伐非常重要。针叶树的采伐时期并不构成问题，只是秋季采伐时树皮难以剥离。这对长期保存却有利，只是锯材加工要多耗费一些工时。

除采伐时发生的裂纹以外，还有搬运作业等造成的作业伤，但这些并不是较大的伤，在之后的圆木加工过程中也不会造成问题。

炸裂是采伐时出现的较大的二次损伤。炸裂是行业术语，下图中被白线围住的切口部分就是炸裂部位。

炸裂损伤通过采用常识性的采伐方法基本可以预防。

炸裂

●含有非木质部分的各种缺陷

非木质的脂筋、树脂囊、含有矿物线的部分，均是木材的缺陷。

【脂筋 resin muscle】

针叶树的树皮受伤时，会大量分泌树脂以覆盖受伤部分，进行自然治愈。树皮生长之后，受伤部分沿着木纹形成线状的脂筋，发展成大损伤之后有可能形成环裂。下图是花旗松的直木纹中出现的树脂囊，称作脂筋。

花旗松的直木纹中出现的脂筋

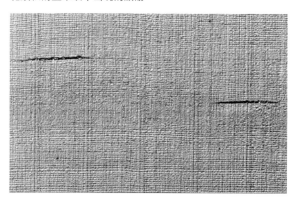

针叶树的细胞组织内带有脂管，为分泌树脂而准备。但是，阔叶树通常没有脂管。愈疮木、山樟木等树脂含量多的树种，导管内储存有树脂成分。偶尔可发现树皮附近存留着树脂球，但通常阔叶树没有树脂囊。

含有树脂的木材如果用于皮肤直接触碰的场所，渗出的树脂会粘在肌肤上或污染衣物等，所以需要通过人工干燥对木材实施脱脂处理。

【矿物线 mineral streak】

蒙古栎、辽杨、桦树、枫树、樱树、红杨等阔叶树种，有时会产生包含草酸钙等结晶的细长的不规则线状硬质部分。这就是称作"矿物线"的异质部分，是坚硬且有损刀具的重大缺陷。枫树中存在着与夹皮混杂在一起的极硬矿物线，处理起来较为棘手。针叶树中的西部铁杉也有出现矿物线的倾向，多数是直木纹中出现的细矿物线。

连香树的木材中出现的矿物线

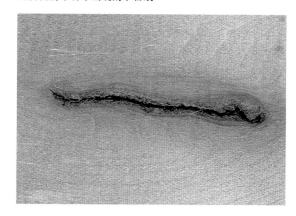

●虫害和腐蚀（insect injury fault & corrosion fault）

柳安材中会出现整面像布满针眼般的虫眼材，这种虫眼称为柳安材的"针孔虫眼"，这是一种极其难以处理的缺陷。圆木中的针孔虫眼产生的原因分为两种：采伐现场刚采伐完成的短时间内进入切口的虫害，根部长期存在的虫害。采伐后的新虫眼无色且非常小，锯加工时才能发现，锯材品表面难以发现虫眼。立木内的针孔虫眼的边缘呈清晰的黑色。

日本落叶松木材中出现的针孔虫眼

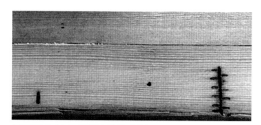

榉树的心材中出现的针孔虫眼

此外，在日本也有新侵入的害虫。日本有一种长 3mm 左右的褐粉蠹，其卵管与蒙古栎、柳安的导管孔大小相当，虫子产卵于此。卵孵化出的幼虫啃食木材以成长，产生危害。

茑缠绕的树木，天牛在树皮和茑之间产卵，其幼虫啃食木材，制造出小指大小的虫眼。这种虫眼就像是子弹贯穿孔，所以天牛称作"铁炮虫"，它们经常侵害榉树、小叶青冈、象蜡树等良材。

针叶树的铁炮虫眼中埋着虫粪，榉树、刺楸、象蜡树的铁炮虫眼则是中空的。这种虫眼容易侵入腐蚀菌。

花旗松木材中出现的铁炮虫的虫眼和虫粪

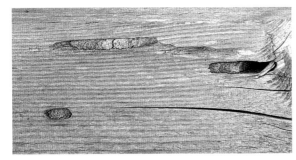

凿船虫这种贝壳附着于木材上的生物生存于海水中。贝壳中为黏糊糊的果冻状身体，呈虫的形状，以非常快的速度在木材中的任意方向制造铅笔粗细的孔。木制船的船底出现这种情况就彻底报废了，所以需要随时登陆对船底进行干燥，同时手工作业清除凿船虫以实现保全管理。

木材在海水中保存时容易受到凿船虫的侵蚀，需要经常翻转圆木。据说，海水和淡水混合的水域中这种生物难以存活。在日本，还有专门利用这种布满虫眼的木材所形成的独特花纹，进行栏杆等的装饰的案例。

松树的松材线虫病就是天牛传播开的。这种虫的繁殖非常快，导致木材整体被侵蚀且失去强度，埋下倾倒的隐患。这种木材甚至不能用于制作纸浆，完全没有利用价值，需要尽快焚烧处理，除此之外没有预防传染的方法。日本各地使用大量公费在空中喷洒药剂等，预防传染。历史证据表明，这种侵害曾在较长历史周期内反复出现。

【腐朽 rot】

超过虫害的缺陷就是腐朽，分为整体腐朽和局部腐朽。湿地生长的树木从根部至地面部均会发生腐朽，甚至导致树芯曝露于空气中。

花旗松的腐朽材（枯树）

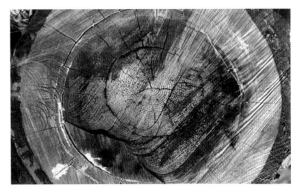

根腐的树木容易受到各种侵害。这种树从接地部的树芯开始腐朽，内侧出现虫害等的危险性高，这种木材交易时需要轻轻敲击来检查。

立木腐朽的原因，可能是树梢损伤引起的生长停止。有的针叶树树梢无法直立，上端下垂的西部铁杉等树种经常因积雪或风害等出现树梢折断的情况。这种树在出现腐朽的位置停止向上生长，仅横向变粗，腐蚀菌从破损部位向树芯侵入。生命力强的日本阔叶树也会因为雷击或台风等树枝折断，继而从枝端开始被腐蚀。

梅花树枝刚折断就有新枝出现，樱花树枝折

基于日本农林标准的木材等级分类（末口直径 14~30cm 的针叶树圆木的日本农林标准）

等级 缺陷	一等	二等	三等
节眼	满足以下任意一项： 1. 3 个以上材面没有节眼 2. 存在于连接的两面，且长径为 5cm 以下	满足以下任意一项： 1. 存在于两面材上 2. 存在于 3 个以上材面，且长径为 5~10cm	不符合一、二等标准的缺陷
弯曲	数量 1 处，且面积占 10% 以下	面积占 10%~30%	不符合一、二等标准的缺陷
木口裂纹	面积占 10% 以下，木口裂纹的深度为木口直径的 1/3 以下	面积占 10%~30%	不符合一、二等标准的缺陷
环裂 环裂存在于木口中心至边缘之间，外部的 1/10 除外	面积占 10% 以下	面积占 10%~30% （但是，文书中存在双重规定）	不符合一、二等标准的缺陷
腐朽	材面无 切口无	存在于 2 个以下材面，且轻微 面积占切口的 30% 以下	不符合一、二等标准的缺陷
凹兜 （如丝柏中出现的树瘤）	没有节眼的材面中不存在，其他材面面积占 5% 以下	没有节眼的材面中不存在，其他材面面积占 5%~15%	不符合一、二等标准的缺陷
其他缺陷	轻微	不明显	不符合一、二等标准的缺陷

断则开始被腐蚀，寿命随之缩短。腐朽是木材的较大缺陷之一，日本的农林标准中详细规定了关于腐朽的内容，是等级分类的重要依据。

避免腐朽最关键的是腐朽前状态的应对。蒙古栎的变色材是枯萎过程中的木材，作为木材的强度适中，性质也稳定，适合制作家具，且低廉的价格更是受人欢迎。但是，变色程度高的色斑也多，装饰价值丧失。

刺楸或水曲柳中存在"糠纹"。"鬼脸纹"是容易变形材质的代名词，糠纹用于表现变形的性质。糠纹出现在年轮宽度紧缩的木材中，其秋材柔软，但整体开始被腐蚀。糠纹明显的木材，被腐蚀至一定程度则有损强度。

小叶青冈的纽扣纹部分也是腐蚀过程中的木材，云杉的红变色也是同样。关于木材腐蚀的内容在日本农林标准中并无规定，木材业界在交易时将其考虑于定价因素中。树种不同，腐蚀的程度及定价有差异。依据日本农林标准的等级划分针对最低标准的品质，优质木材或具备鉴赏价值的木材的价格必须由市场决定。这些品质的相关条件中存在需要价格决定的要素，现实中是无法制定木材整体标准的。

Ⅳ 基于日本农林标准的木材等级分类

① 末口直径 14~30cm 的针叶树圆木的日本农林标准

圆木在进行等级分类时，出现了一个术语"一材面"。一材面是指从树芯将圆木分成 4 份之后的其中 1 份，也就是 1/4 材面。在针叶树圆木的

针叶树圆木的二等材（标准材的示意图）

二等材示意图中，弯曲部占比为红色部分的深度和末口直径的比率。弯曲部在图片中为1个部分，但S形的弯曲为2个部分。凹兜（snake descending）是表皮冻裂、腐朽后露出的树瘤部，可见于青森罗汉柏。

阔叶树的直径24cm以上的二等材

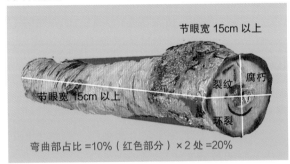

节眼宽15cm以上

节眼宽15cm以上

裂纹　腐朽

环裂

弯曲部占比 =10%（红色部分）×2处 =20%

②直径24cm以上的阔叶树材的日本农林标准

阔叶树的直径24cm以下的圆木没有用材价值，可用于制作纸浆，所以没有区分等级。

左下图为二等材圆木的示意图。在其之上的为一等，之下是三等及四等。四等品质比三等更恶劣，没有用材价值，所以下表中没有四等标准。

一等材不是锯材原料，多用于制作锯切单板或合成面板等。二等材是可加工成家具用锯材的原料。阔叶树的大半圆木为二等材和三等材。因为是日本林业部门下发的基准等级，实际交易时仅供参考。实物圆木的利用价值由经验丰富的专业人员判断，并形成交易价格。

作为锯材原料的圆木通常三等材比二等材的比例大。正如之前所述，锯材加工后呈现的应压部分等重大缺陷无法通过圆木外观发现，所以圆木的标准中没有规定相关内容。官方木材规定了等级，投标价格的最低限额因等级高低而异。民用木材不接受日本农林标准的检定，所以未设定

直径24cm以上的阔叶树材的日本农林标准

缺陷 ＼ 等级	一等	二等	三等
节眼 长径不足1cm的除外，材面的伤痕及虫眼等影响木材使用的包含在内	满足以下任意一项： 1. 4个材面没有节眼 2. 活节仅存在于1个材面，长度2m或2m以内的木材切口允许存在1个活节	满足以下任意一项： 1. 1个材面有节眼 2. 存在于相邻2个材面，且长径15cm以下 3. 活节仅存在于相邻2个材面，长度2m或2m以内的木材切口允许存在2个活节	满足以下任意一项： 1. 存在于相邻2个材面，且长径15~30cm 2. 存在于3个材面，且长径15~30cm
弯曲	数量1处，且面积占10%以下	面积占10%~30%	面积占30%~40%
木口裂纹	面积占10%以下，木口裂纹的深度为木口直径的1/3以下	面积占10%~30%	面积占30%~40%
环裂 环裂存在于木口中心至边缘之间，外部的1/10除外	面积占10%以下	面积占10%~20%	面积占20%~40% （但是，文书中存在双重规定）
腐朽	材面无 切口无	存在于1个材面，且轻微 面积占切口的40%以下	存在于多个材面，且轻微 面积占切口的40%~50%
其他缺陷	极其轻微	轻微	明显

日本农林标准的等级。一等以上具有鉴赏价值的圆木是珍贵木材，由专家精选出来，价格差别较大。美感取决于个人审美，所以没有形成基准。

日本营林署规定，能够出售木材或投标的从业者必须具备多年经验。人们同营林署的交易过程中，形成了农林标准的等级。但是，木材出现在一般市场时同农林标准的等级无关，实价交易。

③阔叶树锯材品的等级规定

阔叶树锯材涉及日本农林标准，日本流通的锯材品已形成按照此标准确定等级的规则，但实际并不执行该标准。日本东北地区的阔叶树锯材没有等级分类，凭借生产商的信用度进行交易。北海道的阔叶树锯材的优良品质闻名欧美，在北海道开发时代主要为了出口而生产，出口材接受美国阔叶树锯材协会（National Hardwood Lumber Association，简称 NHLA）的等级检查。北海道的锯材工厂如果没有接受 NHLA 的等级检查则不得出口锯材品，所以大半锯材品接受了 NHLA 的等级检查。

木材出口到日本时同样必须通过日本农林标准的审查，但通常省去此过程，凭借出口标准明细书进行国内交易。当然，木材的等级符合实际品质，清楚明确，市场通过 NHLA 等级进行交易，已形成基准等级。阔叶树的锯材品交易中并不重视日本标准，所以此处不再介绍阔叶树锯材品的日本农林等级规定。

V 提升木材品质的要素

木材的优点
鉴赏价值＝满足视觉需求的性质＝木纹的优雅程度

●依据木材截取方法产生的木纹名称

木材的第一特点是视觉上的美感。人长时间注视木材也不会出现视觉疲劳，使木材成为最适合室内装饰的材料之一。木材的美感并不是由一个要素构成的，而是各种要素综合构成的。

具备农林标准最高等级鉴赏价值的木材称为珍贵木材。

珍贵木材的价值构成中，木纹、木理和色调是关键要素。价值因木材截取方法而产生较大变化，所以锯材加工的方法极受重视。

●直木纹取法和平木纹取法

木材截取方法多样，下图给出了粗圆木的日式内装材的截取方法。

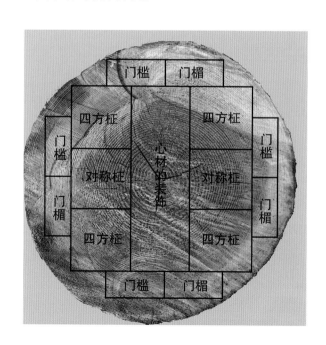

将圆木制作成锯材，大多采用截锯取直木纹的"直木纹取法"和利用木纹自然效果的"平木纹取法"。第214页图中表示出了锯材加工的代表性方法之一，其目的是将比较粗的优质木材制作成建筑内装材或构造材。

【木纹和木理】

"木纹"可表示将圆木进行锯材加工时应相对于树芯以什么角度截取，平木纹或直木纹等都是用于识别锯材面的术语。直木纹相对于树芯呈直角，平木纹相对于树芯平行。

用作支柱等构造材兼内装材、重视木纹的锯材称为"四方桎"或"对称桎"。四方桎只能从方材四角截取。全心材的四方桎支柱价值极高，不属于锯材品的范畴，属于珍贵木材。秋田杉的四方桎是最高级珍贵木材之一。

木理的英文是grain。表示呈现于材面的细胞排列状态的术语"木理"，用于描述木材生长过程中形成的纤维构成形状。

木理可分为通直木理、交错木理、螺旋木理、波状木理等。在日本，描述木理时存在"杢"这种概念。杢（figure of grain）是指木理异常分布而形成的奇特形状，其木理花纹已形成统一评价标准，并被赋予特殊的名称，作为一种品牌。

在日本的锯材加工技术中，有一种"凸显木纹"的技法，可截取出具有木材特殊美感的木纹。随意锯材加工的锯材品未捕捉到木纹的延伸方向，从而导致木纹丧失美感。优质圆木的锯材加工使用薄锯片，较好地凸显出木材的装饰性是日本锯材加工的特长。

直木纹取法的工序首先是从树芯将圆木一分为二地纵截。左下图中通过圆木中心的横线就是纵截线。需要从柳安或云杉等大径木中截取直木纹板时，按照图片上半部分所示截锯，这样制作的锯材板连接着圆木的表皮部分，称为单侧板。直木纹的单侧板称为平切。方材的半切也称作平切。

仅截取真正的直木纹板时，使用只截取垂直于树芯的纯直木纹板的纯木纹截取方法。这是一种忽略成品率，只重视鉴赏价值或加工后效果的奢侈方法。

在积层材已经普及的当下，积层横档等的表面装饰为直木纹的锯切单板。截取这种原料使用橘切方法，左图的左下方1/4部分为这种方法的图解，右下方1/4部分表示纯直木纹截取方法。按照橘切方法截取，中心部分为纯直木纹，左右部分为追加直木纹。可以说，没有比橘切更为奢侈的方法了，但牺牲一定的成品率，能够获取更多接近纯直木纹的板材。单侧板使用时，包含腹和背等术语，腹是指接近树芯的部分，相反的边材部分则是背。

有一种"木纹断裂"的木材评价标准，这种

直木纹板的截取方法

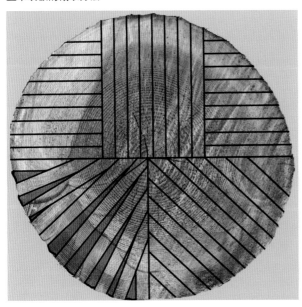

规定并不存在于农林标准中。木纹断裂是指未平行于树芯锯材加工时出现的木纹倾斜现象。目前木纹倾斜的木材评价明显较低。从大木材的根部获取的锯材品中，或者从圆木一侧平行于树皮锯材加工，所得横跨树芯并保持角度的锯材品中，会出现这种木纹断裂。木纹断裂材在干燥过程中会出现形状变化，具有木纹部容易剥离的特性。

●与树木生长状况相关的代表性木理

通直木理（straight grain）

通直木理是指未经受任何灾害且未长出树枝的树干中形成的木理。优质秋田杉具有精美通直木理。通直木理没有瑕疵，没有变形是其最大特点。下图为中平木纹或中杢。

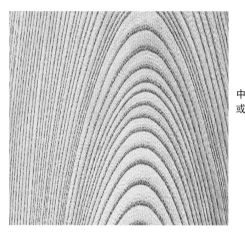

中平木纹
或中杢

作为通直木理的直木纹极受重视。通直木理是直木纹材的基础。通直木理的表现是"木纹通直"，此外，木理也需要与年轮宽度一致。

具备较好直木纹的树种有秋田杉、木曾扁柏、东北红豆杉、榉树、象蜡树、刺楸、北美云杉、北美乔柏、北美冷杉等。

斜向木理（diagonal grain）

木理同前述木纹断裂，所采用的锯材方法较为拙劣，多用于制作一般锯材品。树木生长过程中木纹极端变形的话，无论采用何种锯材方法木纹均会断裂，并形成斜向木理。斜向木理在扭曲生长的树干或根部中会较多出现。从斜向木理中可以看出，纤维相对于木材中心倾斜展开。

根杢

上图为杉树根部的木纹。这种木纹的板材在干燥过程中具有容易变形的特性。这种波状花纹称作根杢，长度 30cm 左右的这种木材是适合制作屏风腰板或合成天花板的珍贵木材。具有这种木纹的常见树种有以下几种：日本柳杉、黑松、刺柏、榉树、樟树、水曲柳、北美乔柏、北美云杉等。按照日本人的评价标准，要尽可能避免选择这种木纹的木材。

交错木理和螺旋木理（intersection grain or spiral grain）

螺旋木理是一种特殊生长方式的木材中所见的木理，在纤维螺旋生长的木材中出现。交错木理是一种存在螺旋木理的木材的直木纹中出现的木理。交错木理的材面中，交替呈现木纹突出的部分和木纹潜藏其间的部分。出现此木理的树种，每隔一定时期交替向左或向右螺旋生长，直木纹中呈现交错花纹。这种木理的直木纹面交替并存顺纹和逆纹，刨切作业从任意方向开始都会出现条纹状逆纹。

通常，平木纹面不会出现逆纹。交错木理也称作双逆纹。柳安的直木纹是该木理中具有代表性的，其材面具有丝带般的光泽，所以也称之为丝带纹。

菲律宾娑罗双的直木纹

上图是菲律宾娑罗双的直木纹，可看见丝带纹。但是，图中光的反射角度没有变化，未呈现丝带光泽。出现这种木理的树无法数清年轮。东南亚许多龙脑香科的树中常见这种木纹，日本的樟树的直木纹中也有出现。大叶桃花心木中出现的丝带纹极其精美，其木材十分贵重。小鞋木豆是一种双逆纹非常明显的树种，不适合切削加工，但切片加工容易。

波状木理（wave-like grain）

右上图的木纹是悬铃木中出现的波状木理。这种波状木理生成的过程或原因并不明确。波状

木理较好的悬铃木最适合用于制作小提琴的背板。这种花纹在后面杢的相关内容中说明，它同日本七叶树的涟漪杢有所区别。

杢是树木生长过程中形成的异性木理。波状木理是正常成长的树木中出现的木理。

悬铃木中出现的波状木理

髓斑（flecks）

髓斑是壳斗科、榆科、山龙眼科等的阔叶树的直木纹中出现的花纹，跨直木纹的年轮浮现出来。下图为冠瓣木的髓斑。

冠瓣木的髓斑

蒙古栎的直木纹中出现的髓斑最为著名，称为虎斑。榆树的髓斑称为芝麻纹，此木材极为珍贵。

除蒙古栎以外，虎斑还出现于日本的樫树或北美的栎树中。银桦的木纹称为水珠纹。杂木类乔木中也会出现水珠纹的髓斑，但花纹小的无法判断。榆树中出现的髓斑，纤细如织线，其木材可用于制作化妆台或化妆箱等小物件。同样，榆科的榉树中也有髓斑，但不清晰。髓斑的部分具备比其他部分更耐磨的性质。

日本的蒙古栎的虎斑，在稍稍偏斜的直木纹中出现的最为精美。直木纹如果是平直的，则斑纹延长过多，缺乏美感。扭曲生长的树木，长度方向的斑纹连续的距离缩短。

针叶树中没有斑纹。斑纹的评价并未固定成标准，喜欢或厌倦等因人而异。仅收集虎斑纹木材非常困难。

下图是白桦的虎斑。蒙古栎的虎斑更纤细且出彩。

白桦的虎斑

●杢及木材的光反射特性

杢相关的农林标准并没有。日本人具有细腻且独特的感情，认为带有杢的木材具有鉴赏价值，并赋予其特定的爱称，评价颇高。因此，杢并没有特定的名称，只有口传的名称，木材业界以此名称作为商品名。按照杢评价木材时，木材通常能获得通过等级评价无法获得的高价值。

杢不同于通直木理，是一种经过自然考验并成长为奇特形状的变形木理，仅出现于老木中。杢出现的位置为根部附近、根瘤、干瘤、分枝部、主干等，名称因出现位置而异。

玉杢（round figure，buble figure）

玉杢是木纹中出现的具有代表性的杢纹。玉杢是木材中浮现的花纹。除了玉杢还有鸟眼杢，二者大小不同。玉杢经常出现于鸡桑、榉树、樟树、水曲柳的古木中。鸟眼杢的英文名是 bird's eye，在日本也极受欢迎。下图是糖槭中出现的鸟眼杢。

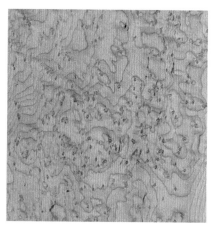

糖槭的
鸟眼杢

第 219 页左上图是榉树的玉杢。用手压住出现此杢的树的皮会出现凹坑，树皮能够完全剥离。出现杢的部分接近表皮，心材中花纹消失。树皮中出现凸状花纹的杢纹浅，出现凹状花纹的杢纹深。

如轮杢（undulated round figure）

榉树的如轮杢（见第 219 页左下图）是玉杢的一种，圆点花纹存在于波状杢之中，构成令人感动且华丽的花纹。如轮杢也称作如鳞杢，如轮

榉树的玉杢

是指多重环状花纹。此外，如鳞中的鳞是鱼鳞的意思，指整面布满细密鳞纹的玉杢。如轮杢被认定为杢中的最高级花纹，该木材以异常高的价格交易，可制作佛龛、茶具柜、桌椅、门、天花板、壁龛构件等，均为最高级品。目前，榉树玉杢实木价格太高而不被使用，切片之后粘贴为胶合板，作为壁龛地板、错位架、前地板的最高级原料。

榉树的如轮杢

含杢纹的木材是一种木纹断裂材，极易变形。门表面等使用如轮杢的薄板制作。门心使用优良木理的榉树材制作，正反面粘贴同样硬度的榉树材。玉杢中花纹数量少的不作为评价对象，其通常作为状态不佳的木理。

涟漪杢（ripples figure）

在日本七叶树中出现的涟漪杢（缩杢，见下图）最受欢迎。日本七叶树的大木较多，最适合用作壁龛地板的表面材，并成为标准品。这种杢在枫树、日本厚朴、华东椴、榉树的根部常见，花纹面积大的更是极为珍贵，且目前已知只有日本七叶树中会出现大面积的这种花纹。

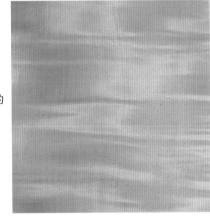

日本七叶树的涟漪杢

瘤杢（knaur figure）

缅甸产的花梨、北美产的毛山核桃、樟树等根部会形成大树瘤，这就是根瘤（burls），其中会形成异常精美的花纹（见下图）。据说，黑榆或榉树也有小枝密集形成的树瘤，可塑造出精美的杢纹。

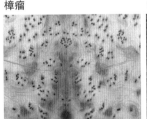

樟瘤

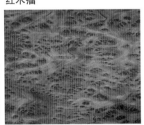

红木瘤

花梨瘤

毛山核桃瘤

小知识

神代杉即火山喷发后被埋入火山灰，未被腐蚀且半化石化的杉树。埋入火山灰中 800~2 500 年，变化成深色调。年代测量使用碳 –14 年代测定法。

花梨瘤杢的木材进行"天然装饰"，可加工为屏风或桌椅，是日式房间的常用材。天然装饰是指将木材树皮保留为自然状态并进行边缘加工的方法。

虎眼杢（tiger's eye figure）

虎眼杢是指在树脂丰富的老松的涟漪杢中，由透明树脂蓄积而成的杢纹。这种虎眼杢会随观察角度的变化而闪闪发光、变色，带有猫眼石般的华丽质感，是不可多得的杢纹。

松材常用于制作神社的地板。松材中浸染松脂较多，时而可见精美的光泽，接近虎眼杢的反射光效果。古松材称为"老松"，是珍贵木材。特别是老松中浸染树脂的，更被赋予树脂松、肥松等商品名，作为壁龛地板的最高级用材。最近，甚至生产出了人工模拟品。老松的木纹照片见第31 页。日本广岛县安艺宫岛的"松盆"是著名的地方特产，最近已非常少见，但作为家庭中的圆盆仍然是必需品。

鹑杢（quail figure）

鹑杢（见下图）是杉树或黑松中出现的杢。此木纹非常纤细，近似鹌鹑羽毛的花纹，因此而得名。

鹑杢

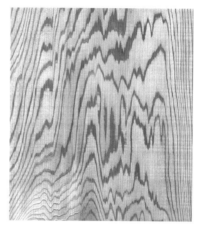

杉树的上杢

上杢（high class figure）

上图是日本高知县鱼梁濑杉树的上杢。该木材年轮收缩，纤细木理较大面积地展现出华丽的花纹，这是高级品牌板材的象征。

条杢（striped figure）

条杢是木纹为条纹的木理，并不是指木理的延伸方向。在小鞋木豆、苦楝中出现的条杢较为出名。

这种杢并不是树木生长方式变异形成的变形木纹，而是原本材色鲜艳的木材具有的木纹。条杢呈现于木材整体中，能够形成较大面积的花纹，但多少有些烦琐无味，其木材不适合用于建筑内装，主要用于家具装饰。条杢木材可以从正常生长的树木中获取。通过涂装，可以提炼出更加精美的木纹。

神代（the age of gods color）

有一种被称为"神代"的木材（见第 221 页左上图），如神代杉。火山喷发等天灾导致木材被埋入地下并开始炭化，这样的木材就是神代。神代具有异常的光泽，黑色会渗入原来的材色中。日本柳杉、日本扁柏、水曲柳、榉树是常见的神代材。

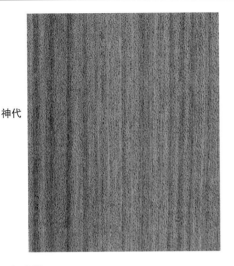

神代

●光反射少的特性

对木材的鉴赏价值进行了说明之后，下面便介绍木材光反射的特性。光在木材表面反射之后变成柔和光线，这种特性使木材不会引起视觉疲劳，使人感到温和、舒适。杢纹的多样性、简洁的木理和光反射特性发挥出积极效果，木纹精美的木材给人安逸感。相同木纹在世界上并不存在。木纹使人可以感受到木材的生物特性，体会生命的乐趣。

木材的优点
优秀音效：发出悦耳声音的性质

木材密度小，施加振动就会使其内部产生摩

擦，其具备非常优越的振动吸收性质。

利用这种特性，木材可用于制作机械的底座或工具的手柄。工具的木制手柄能够防止作业冲击力传递至手，使作业过程轻松。这种发生较大内部摩擦的性质使木材能够提升音响效果、降低音响阻力，所以它很适合制作乐器。

小提琴的琴身被称为共鸣箱的最高杰作，只能使用木材制作。钢琴也是木材工艺品中的杰作之一，凭借高超的整形胶合板技术和油漆技术制作而成，部件构成完美无瑕，组成精妙传递击弦力的机构。这种乐器具备长久使用的功能。制造钢琴的过程中研究开发的木材加工技术，对木材干燥、胶合板弯曲、木材黏结等作业产生了巨大影响。钢琴的键盘适合使用北美云杉、鱼鳞云杉木材制作，木管乐器、木鱼、鼓等使用阔叶树木材制作。

木材的优点
芳香性、森林浴效果、清心性质

日本柳杉、日本扁柏、小构树、松、日本榉树等住宅中常用的代表木材，大多能够释放怡人气味。这些木材在住宅内适度散发着淡淡的清香，居住者好似一直接受着森林浴。从远处观察森林，森林整体被轻轻的薄雾覆盖，这正是森林释放各种成分形成的现象，这些成分的释放可使人享受森林浴。

木材具有吸水性，吸收水分的同时吸去异味。树木的清香给人舒适感。也有南洋棱柱木、特氏古夷苏木等从原材中释放异味的树种，但充分干燥之后异味消失，且吸收异味的性能被保留下来。灯台树释放水杨酸的气味。

木材气味的利用方法有许多。用日本柳杉的心材制作的酒桶酿造日本酒的话，经过长时间之后日本柳杉的香气溶入酒中。这就是增添木香的过程。相反，酱油桶则不适合具有这种气味，所以只使用日本柳杉的边材制作。

檀香、东北红豆杉、可提取樟脑的樟树等都是释放强烈气味的香木。日本榧树的浓烈气味具有驱蚊的效果。

木材的优点
口感柔和的性质

花椒带有芳香气味，使用其制作的食材也非常美味。胡椒、花椒、肉桂、月桂等，果实或树皮可用于制作香辛料。从落叶松的树皮中还能提炼出肠胃药，类似这样从木材中提取香辛料或药用成分的情况很多。此外，樱木的树芯还能用于熏制肉食。

花椒枝碾碎使用

木材的优点
优秀的隔热性、绝缘性和亲肤性

充分干燥后的木材是完全的绝缘体，随着含水率上升而导电。密度大的木材具备较好绝缘性，阔叶树比针叶树的绝缘性好。利用这种性质，人们制作出了木材水分测量仪。

白塞木是一种非常轻的树木，但绝缘性优良。将其木材排列成瓦片状，正反面用不锈钢板夹住，用作液化天然气运输船的壁材。

人走在日本扁柏木的甲板上时会出现柔和的反弹，其具备使人行走舒适的优势。低热传导率的日本扁柏的柔滑触感，使肌肤触碰时没有不适感。

阔叶树的触感通常硬且冷，但蒙古栎木的地板存在较多导管孔，空气含量多，赤脚走在上面也不会感到冰冷，所以它是一种非常优秀的地板材。

木材基本不会因为热量而伸缩，伸缩变形是由木材含水率导致的。木材进行干燥加工后，接触时也能感受到舒服的温度，但锯材存在毛刺，难以使用。色木械木板作为金属棒敲击时的隔板，能够分散冲击力。

木材也是耐摩擦的物质，刀具仅凭摩擦很难消减木材厚度。榉木、椰木、柚木是耐磨性强的材料，将这些木材埋入门槛的槽中，作为减小门槛磨损的附属材料。此外，船甲板限定使用柚木制作。

上面对木材的优点进行了说明，但这些优点并未写进相关标准中。木材的量能够按照常规的格式掌握，木材品质的参数表却并不存在，而只能通过木材本身确定品质，确定木材品质的规定只有农林标准。木材品质的依据除了等级，还有产地、木纹等要素，品质在实际交易时判定。如果不具备正确评价木材的鉴赏能力，则无法判定木材是否满足要求。

第2节
木材的干燥和切割加工

I 木材的干燥

　　树木在生物的状态下被采伐后，仅保留生物活动的名义，开始发挥将保有的水分的释放过程控制在最小限度的作用。这种状态的树木称为木材。

　　木材接触空气之后，便开始损失内部保有的水分。水分完全释放之后的木材，完全丧失生物的形态。在此过程中，木材达到一定水分保有状态之后，材料性质稳定，成为可以利用的优秀物质，这种状态的木材就是干燥材。

　　刚采伐后容易变质的木材称为原材。原材如果在接触空气的场所使用，则开始天然干燥，尺寸或材质发生变化，或者因腐蚀等出现形状变化。

丧失生物形态的木材的断面

　　作为制作某种东西的原料而使用木材时，需要将木材干燥成能够使用的状态。

　　木材干燥的过程分为：最初达到纤维饱和点的原材时期，达到一定平衡含水率的半干燥材或未干燥材时期，保持平衡含水率的时期，以及丧失生物形态时期。原材不释放结合水，未引起外形变化，但处于容易受到腐蚀菌或虫子等侵害的状态。此外，有的木材未曝露于空气中，且被水分包围，木材难以变质。为了使木材生命延长，发挥水分离散防止作用的同时，还要保持生命体期间的树木进行水分吸收，达到纤维饱和点以上含水率的未干燥材不容易变形。

　　木材经历生长时期，采伐后缓慢重复水分释放和吸收的过程，提高木材强度的同时实现材质的稳定。之后，木材丧失生命而进行无机物化，即便不同树种存在差异，但这个时期始终会到来，无法预测。木材长期生存、被腐蚀、消失并返回土壤，这并不是自然破坏的过程，而是自然更新的过程，从而终其一生。

　　木材的一生中，被有效利用时就是干燥材。

　　干燥是人为干燥的意思，分为天然干燥法和人工干燥法。在木材生长场所使其天然干燥后使用是最佳使用方式。

最佳的干燥方法是天然干燥，但干燥处理完成需要较长时间，同时存在干燥材的含水率无法保持稳定的缺陷。木材的变形是含水率增减引起的现象。

木材干燥是非常关键的加工，但所有木材加工中只有干燥加工是导致木材品质恶化的加工工序。为了将材质的恶化控制在最小限度，必须理解与干燥相关的木材的基本性质。

(1) 木材的含水率（moisture content）

木材的含水率是指所测量的木材目前所含水分的重量与绝干后木材的重量的比率。木材生命状态停止之后的含水率为0。绝干密度是指木材在含水率为0时的密度。

木材的密度因树种或边材、心材、树芯等木材部位而异，即便是同一树种也存在较大差异。

·木材水分测量仪（tester of wood moisture）

木材水分测量仪是利用木材的电阻同保有水分量、密度及温度成比例变化的性质制作而成的，具备机械指示被测量木材的温度和密度，将木材的电阻值转换为木材含水率的表示性能。

打针型木材水分测量仪

木材水分测量仪的工作原理分为两种：对木材打针并测量两点间电流的方式，通过高频波测量木材电阻值的方式。如左下图所示，测量仪器的测量部分前端由电线连接并附带探针，通过测量进入木材的针和针之间的电流，正确掌握此部分的含水率。通过高频波测量含水率的木材水分测量仪，仅放置于木材上就能测量木材整体的平均含水率。

·纤维饱和点（fiber saturation point）

纤维饱和点是指理论上木材纤维内部存在的水分为维持木材生命而储备充分所需量状态的含水率。这种含水率实际并不存在，而是理论计算的含水率。按照经验，纤维饱和点为25%~28%，但存留于木材纤维细胞之间的非维持生命所需要的水分无法除去。事实表明，对比无机质的材料，木材容易变形或变质，这基于水分的释放和吸收作用。

·结合水和自由水（bound water，free water）

导致木材变形的木材纤维内水分称为"结合水"。采伐之后不再从根部补给水分的木材闭合纤维细胞的壁孔，自动发挥避免释放水分的功能。树木利用纤维间隙，通过毛细现象吸收营养成分中包含的水分。存留于纤维之间、非维持生命所需要的水分称为"自由水"，即使失去也不会引起木材纤维本身的收缩。但是，木材纤维会吸收自由水，不能说两者完全没有关系。木材在水中存储时，水压会使水分大量进入木材内，此时木材的含水率甚至会达到200%。第225页上图的蓝色部分是自由水的存留场所，浅蓝色带点部分表示

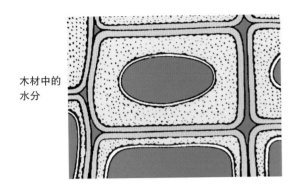

木材中的水分

包含结合水的场所。

·平衡含水率（equilibrium moisture content）

木材开始排出纤维内的结合水时，也开始收缩。始终接触外部气体的木材通过外部气体吸收或排出水分，同时重复膨胀及收缩，达到整体稳定的形态。这种稳定状态下的含水率称为"平衡含水率"。

下表中未带括号的数字是日本关东地区的测量范围值，括号内的数字是日本15个地区的平均值。

·木材的收缩率（rate of wood shrinkage）

木材的含水率下降至纤维饱和点之后，依据固有收缩率收缩。"气干密度"在日本为含水率15%的木材密度，在北美为含水率12%的木材密度。

在木材长度方向，木材的纤维密合且没有断口，即使干燥之后变细也不会缩短。长度方向的收缩仅为无须考虑在内的微量收缩。木材的收缩率同密度基本成比例。

·气干密度和绝干密度
（air dried gravity，absolute dry gravity）

绝干密度是指木材含水率为0时的密度。通常，木材密度用气干密度表示已成为惯例，这是因为它符合木材实际给人的感觉。按照一般人的感觉，坚硬且重的木材不容易变形，但实际上坚硬的木材往往密度大，所以收缩较大。相反，柔软的木材往往密度小，收缩相应减小。榉树或椰树等坚硬且重的木材比毛泡桐、白塞木收缩大。各种木材纤维在任何木材中基本保持相同比例，但重木材的纤维密集生成，纤维越多则整体收缩越大。

·干燥引起的木材变形（transformation of wood）

干燥引起的木材收缩，即使是相同木材也存在春纹部和秋纹部的差异及边材和心材的差异，还有应压部分等异常部位收缩程度的差异。直木

不同场所木材的平衡含水率统计表

建筑物的种类	一层地面的平衡含水率/%	一层榻榻米地面的平衡含水率/%	平顶天花板的平衡含水率/%	一层墙面的平衡含水率/%
一般住宅	13.5~19.9	18.3~23.8	10.4~18.3	12.1~15.7
	（17.7）	（21.0）	（13.6）	（14.6）
办公室	13.0~17.2		8.3~15.8	9.1~16.6
	（15.4）		（12.6）	（13.6）
仓库	13.9~21.3		11.4~14.9	12.8~16.1
	（7.7）		（13.3）	（14.7）

圆木各部位的变形倾向

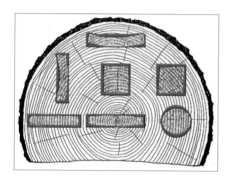

切口或木材内部的复杂裂纹或变形的示意图

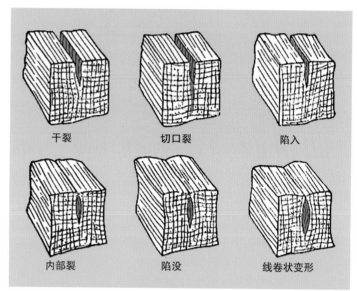

干裂　　切口裂　　陷入

内部裂　　陷没　　线卷状变形

纹中春纹及秋纹交替排列，其木材均匀收缩。

平木纹中秋纹连续排列，秋纹部的较大收缩在木材中整体出现。圆木各部位的变形倾向如上图所示。

·表面硬化和细胞的异常收缩
(surface hardening & abnormal shrinkage)

木材的表层部位干燥之后，个体全部的含水量被平均化，内部的水分因毛细现象而移动至表面。如果进行快速干燥，同空气的接触面则无法完全等待内部的水分移动，释放所有自由水之后，结合水也开始强制蒸发，表层部位比木材内部先行收缩。细胞收缩之后材质硬化，硬化使干燥速度加快，异常收缩之后变得更硬。木材表面异常变硬的现象称为"表面硬化"。在此状态下，木材内部不进行水分释放，保持原材的状态，所以内部细胞会因表面收缩而收束压缩，产生异常变形。

异常变形的原材部分通过之后的水分释放进行干燥及收缩，之后此部分的细胞收缩至比正常收缩值更小的程度。结果，木材内部产生裂纹或陷没。

②木材的干燥方法

之前已经说明，木材的干燥方法分为天然干燥法和人工干燥法，但通常所说的木材干燥是指人工干燥。

·木材的人工干燥（ kiln-drying of wood)

人工干燥法分为强制循环式、真空式、化学品干燥式、高频波干燥式等方法。因为操作成本低、

木材干燥后锯入梳篦状的锯痕之后，通常呈扫帚状展开

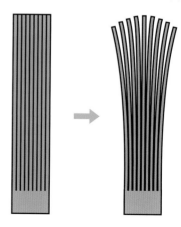

品质管理容易，所以强制循环式最适合木材干燥，目前主要使用这种方法。

强制循环式包括燃烧木材作为热源，再利用火中产生的热风进行干燥的直热式和焰道式，以及通过水蒸气对木材加热的蒸汽式。以上这些方法称为间接加热式。

· 内部应力（interior stress）

人工干燥系统是持续对木材施加促进水分蒸发的温度，以提升干燥速度为目的的系统。同时，为了保持室内温度稳定而使用性能良好的保温墙，保证干燥室内的所有木材均匀干燥。

运行人工干燥装置时，温湿度调节方法根据树种及木材厚度而异，基于经验值，设计最好的人工操作调节模式。由民间组织向具备这种技能的人授予木材干燥师资格证书。

即使是基于充分的人工干燥知识进行了干燥的木材，如果锯入梳篦状的锯痕之后，通常呈扫帚状展开。如第 226 页右下图所示，木材展开的作用称为"存在内部应力"。这种现象说明木材的外侧比内侧干燥得更快。顺利干燥后的木材，各木条保持平行。

测量木材的内部应力，需要使用没有应压部分的木材。节眼部分或应压的木材原本带有应力，所以不适合用于确认木材干燥程度的试验。木材水分测量仪需要使用打针型的，以确认木材中心干燥最慢部分的含水率。

· 调温调湿处理和干燥处理
（conditioning，seasoning）

调温调湿处理是指使木材干燥成比成品预定含水率稍低的程度之后，加湿以提升表面湿度，

林场

将木材的内部和外部的含水率平均化的操作。这个处理过程也称为"素材调色（equalizing）"。板较厚时，木材内部温度无法降低，需要将已干燥的木材再次放入干燥室内，加湿提升木材外部的温湿度。

干燥处理是指利用水从热至冷移动的性质所进行的操作。通过人工干燥加工，使内部温度上升的木材整体降低至常温。

刚从人工干燥室取出的木材整体处于高温，将其放置于通风少的常温室内之后，木材外部开始冷却，仍然保持高温的木材内部的水分移动至外部。不久之后内部也达到常温，水分移动停止，

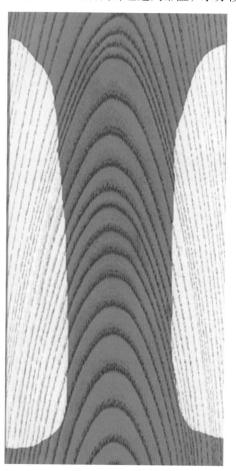

榉树平木纹材的木表

整体含水率均匀。这就是干燥操作，干燥后的木材整体接近平衡含水率。如果在温度较高状态下加工木材，切削加工后会引起异常收缩等，所以，干燥操作是重要操作之一。

· 天然干燥（air seasoning，air drying）

天然干燥同人工干燥一样，是各木材按照户外堆放状态通风放置，等待天然干燥的方法。天然干燥是将木材干燥成最佳状态的方法。相应地，干燥时间非常长。即使在冬季干燥空气的 DBT（干球温度）和 WBT（湿球温度）间隔开时，木材本身温度较低的情况下也不会干燥。即使梅雨时湿润空气的 DBT 和 WBT 没有差异，只要木材温度高则进行干燥。日本的空气平均湿度为70%~80%，100% 湿度状态基本不存在。全世界的平均值为 65%~85%。

木材的天然干燥在这种气候条件的日本是非常困难的工作，但东南亚高原全年气温如同日本夏季，湿度也因上升气流多而较低，可以在较短周期内生产出仅通过天然干燥就能使用的干燥材。相反，纬度高的北美针叶树林地带的冬季温度低，仅通过天然干燥生产干燥材基本不可能。

锯材加工之后不能立即横放，将包含较多自由水的木材树梢侧朝下立起放置可以充分控水。如果按照日本的旧习惯，标准是木材的根部朝上控水，这是为了使木材立于林场存放期间进行天然干燥。脚手架圆木适合树梢侧朝上立起。

立起木材干燥是最好方法。林场（lumber stand，参照第 227 页图片）是指木材仓库，是锯材品立起存放的场所，通风条件良好。

木材干燥后是否会产生干裂?

采伐、锯材加工并干燥之后，木材成为能够塑造的素材，更具价值。大多数情况下，木材通常尽可能早地干燥。但是，木材干燥时关键是提早进行干燥还是尽可能减少变形，确定后通过相应的方法进行干燥。干燥木材的工作是指尽可能在短时间内使木材的含水率接近平衡含水率。必须认清，这个过程中伴随着各种各样的风险。总而言之，木材干燥不能操之过急，只要掌握基本事项则并不困难。

【干裂防止方法】

日本的高级珍贵木材并不进行人工干燥，而是通过天然干燥进行处理。平木纹精美的宽木材经过人工干燥可能出现严重裂纹，变得极其不耐用。如果是榉树材，背阴条件下长时间天然干燥是最佳方法，用黏合剂或木蜡涂布容易开裂的部分，抑制这些部分的水分蒸发，以防止干裂。

第 228 页的图片是榉树平木纹材的木表。蓝色部分涂黏合剂，防止开裂。在木材的两个切口均匀涂布，待黏合剂充分干燥之后，木表朝下横放。

通过对木里面的中心部位施加重力以平均加压，可以抑制干燥时的板材翘曲或应变。切口用纸缠绕粘贴也可以，还有装饰效果。

背切的天然干燥针叶树柱材，最适合用作日本住宅的耗材。日本的轴组装法大多使用不适合人工干燥的柱角，这种工法能够使建筑经得住干燥引起的木材变形。

Ⅱ 木材的切削加工（planing process）

锯材加工之后达到大致使用尺寸的原材经过干燥之后，会出现尺寸变小、角度变形、板材翘曲、表面凹凸、材面变色等导致木材无法直接使用的问题。将这种状态的木材塑造规整，将材面平滑加工成使用尺寸的工作就是切削加工。

手推刨盘的原理

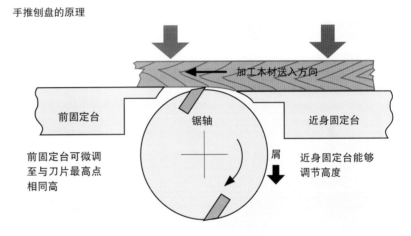

自动刨盘的原理

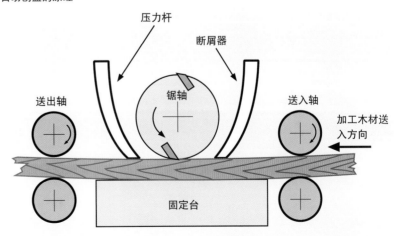

切削木材的加工基本应用的是木楔产生的割裂作用。将木楔沿着木纹以接近平行的角度打入，通过锯加工剥取薄木材，将表面加工平滑。

手刨和机械刨

为了平滑加工木材表面，需要使用手刨或通过电动旋转刀片进行切削的机械刨。通过机械刨切削的工作称为刨床加工，分为以下两种基本加工方法。

一种是将加工木材切成一定厚度的"手推刨盘"的方法，另一种是按照设定厚度切取木材的"自动刨盘"的方法。

手推刨盘的构造

手推刨盘并不确定木材厚度，而是正确切出所加工木材的直线性及平面性。第 229 页有手推刨盘的原理图。前固定台和近身固定台的高度差成为刨削量，上下调节近身固定台的高度能够改变刨削量。

实现平面性的英文表述是 jointing，表示两片木材整齐对合，这是拼接木材时的所需工序。

自动刨盘的基本构造和加工特性

自动刨盘具有旋转轴刀片，具备能够将木材切削成固定台和刀片的间隔厚度的功能。通过驱动滚轴，自动输送材料并进行切削加工，是自动刨盘切削加工的基本原理。使用手推刨盘实现下面的直线性，再通过自动刨盘切削另一面，歪斜变形的木材也能切削成具备直线性的相同厚度的材料。

积层材料和积层板的使用

将切割成一定长度的木材延长的加工方法为"榫接"，还有增加宽度的方法"嵌接"。地板是常用这些方法加工的制品。

接合木材以增加面积的方法随着化学黏合剂技术的进步而发展，黏结胶合板的技术也进一步发展。胶合板铺开制作宽大平面是其主要用途，但随着更强力且耐久性强的黏合剂的出现，积层木材可以制作成更大的合成材。这种制作成的材料就是积层材。

节眼大的木材基本不具备横向强度；即使是健全的木材，有无节眼也会对注重横向使用的木材的强度产生较大影响。基于这种观点，没有节眼的木材更具利用价值。使用含节眼的小木材时应该认为其毫无强度，无论是死节眼还是活节眼。

I 通过指形接合法制作的积层材

积层所用的接合方法有很多，指形接合法是最合理、接合强度最高、简单且木材损失少的工业化方法。指形接合法通过制作细致斜面以提升接合强度，同时将两侧木材插入 V 形槽口中，仅

单板的重合数量（仅为标准值）

厚度	贴合张数
4.0mm 以下	3 层（3 张贴合）
5.5~15.0mm	5 层（5 张贴合）
12.0~21.0mm	7 层（7 张贴合）
24.0mm 以上	9 层（9 张贴合）

指形接合部

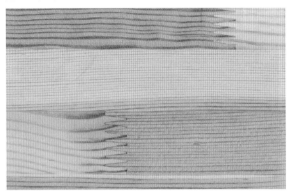

简单接合就能在斜面增加接合压力。

II 日本的积层材加工的发展历史

在生活中经常利用木材的日本，随着人们生活水平的提升，住宅内装中对无节眼木材的需求快速增加，关于火灾的标准更为严格。城市中钢筋混凝土结构的增加，促使木材结构物的需求减少。为了缓解木材需求的不平衡，将木纹良好的木材用作芯板，制作成用极其薄的优质材覆盖表面的积层装饰材。

将没有节眼的阔叶树材积层，比从针叶树材中选取节眼并选出木纹良好的表面材积层更具良好加工性，能够利用比较均匀的材质并将表面材作为装饰材，符合日本人的审美观，所以其多用于住宅的内装。大厦楼梯的扶手也基本采用这种工法制作。

Ⅲ 胶合板的利用

锯材品是指将圆木的一部分保持原样（不使其变形）切取的木材。"胶合板（plywood）"是指将沿着圆木外周削薄制作的"单板（lath）"积层而成的板，重合数量以第 231 页的表为标准。

veneer 原本是饰面板的意思，之后由于某种原因也翻译成了"胶合板"。

veneer 是指将土墙等表面进行整齐装饰，语义中包含"装饰表面"的意思，由此转义为胶合板的表面板等带有整齐面的薄板，由此误传，被翻译为胶合板。

①依据构成材料区分的胶合板种类

标准胶合板是将单板纤维方向呈十字形重合积层而成的板材，但 LVL 胶合板（单板纤维方向平行积层）和板条芯胶合板（积层制作的芯材和单板积层而成的厚板）已成为标准件。板芯胶合板（用板条芯胶合板的一部分制作成的木屑板）和特殊芯胶合板（使用纸质的蜂窝芯）等定制生产。

②依据黏合剂性能区分的胶合板种类

JAS（日本农业标准）的分类如下所示。

特殊类（酚醛树脂黏合剂等）

住宅的承重墙等构造用承重材料中使用的或始终处于湿润场所的胶合板，包括构造用胶合板（K 层）、船舶用胶合板、脚手架用胶合板等。

1 类（三聚氰胺树脂黏合剂等）（类型 1）

室外或长期处于湿润场所的胶合板，包括混凝土框架用胶合板、住宅地基用胶合板、建筑外装用胶合板等。

2 类（脲醛树脂黏合剂等）（类型 2）

内装用或含湿气场所使用的胶合板，包括住宅、船舶、车辆等的内装用胶合板及家具用胶合板等。

胶合板的构成

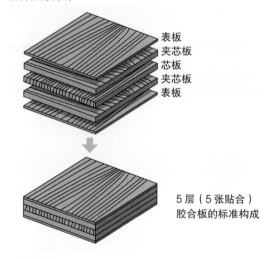

表板
夹芯板
芯板
夹芯板
表板

5 层（5 张贴合）
胶合板的标准构成

LVL 胶合板

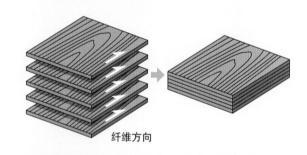

纤维方向

板条芯胶合板

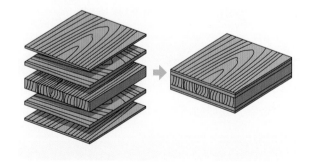

3 类（增量脲醛树脂黏合剂等）

家具的基材处等完全没有湿气的场所使用的胶合板（最近仅限特殊用途使用，生产量极少）。

③胶合板所使用木材的种类（代表种类）

	日本材	进口材
阔叶树	华东椴、桦树、刺楸、圆齿水青冈、蒙古栎、黑榆等	非洲材、巴布亚新几内亚材等
针叶树	日本落叶松、鱼鳞云杉、赤松、杉树等	花旗松、西部铁杉、北美云杉、南部松、辐射松、智利材、非洲材等

④市售的胶合板种类

适合制作胶合板的木材通常节眼少，春纹和秋纹不清晰的阔叶树材最佳。

适合制作胶合板的木材的条件：径级粗，节眼或矿物线等硬缺陷少；即使有节眼，也是能够刨皮的柔软节眼；同一树种可连续获得；贴合性良好；没有异常硬质材。

在日本通常将胶合板称为 veneer，而不是plywood。veneer 是指将花旗松圆木刨皮之后制作的品质极好、构成胶合板表面的具有装饰性的单板。单纯的薄板称为 lath。

Ⅳ 刨切单板和饰面胶合板

刨切单板和壁纸不同，常年使用也不会变脏，是一种比人工材更优秀的内装用耗材。随着柔性板的出现，它得以使用于汽车内饰中。

①刨切单板的制造方法

沿着圆木的圆周刨削出的薄层就是刨皮。同锯材加工一样，按与树芯平行的方向刨削就是slice，是用刀薄切奶酪的意思。

刨切单板分为 0.1~0.6mm 厚的"薄刨切"、0.7~1.0mm 厚的"厚刨切"及 1.0~3.0mm 厚的"特厚刨切"，长度 4m 基本为最长，宽度 1.2m 左右最大（平面刨切）。薄刨切用作胶合板；厚刨切部分用作胶合板，其中大多数用作内装积层材。

各种珍贵木材制作的饰面胶合板样品

刨切单板的基本贴合方法

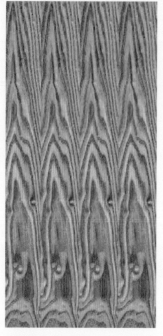 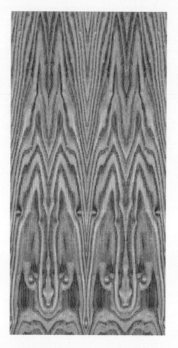 

顺序贴合
按顺序展开刨切单板上的花纹，相同花纹连续排列。

书页式贴合
遵守顺序贴合的顺序，奇数号贴合木表，偶数号贴合木里。一张木材一分为二呈现，就像打开书本一样，所以称作书页式贴合。

错位贴合
并不局限于同种组合板，而是将花纹或颜色近似的刨切单板进行协调贴合。按照这种方法，可使用相同花纹的木材贴合大量墙面。

组合板材是指粗加工锯切圆木，由此取得的刨切单板。

刨切单板是指薄切的天然木，可贴合于胶合板的表面作为饰面板。组合板材使用优质珍贵木材或木纹精美的木材制作。

②天然木饰面胶合板（fancy plywood）

贴合于刨切单板上作为基底的木材、胶合板及其他平面板材称为"天然木饰面胶合板"，贴合于基板上进行销售。这些天然木饰面胶合板为半定制的，能够在较短交货期内制造完成。

天然木饰面胶合板的照片可用于印制木纹纸等，美观逼真。制作天花板的普及品时多使用这种印制的木纹纸，可呈现重复的木纹。天然刨切单板的木纹渐变，天然木纹更具韵味和耐久性。

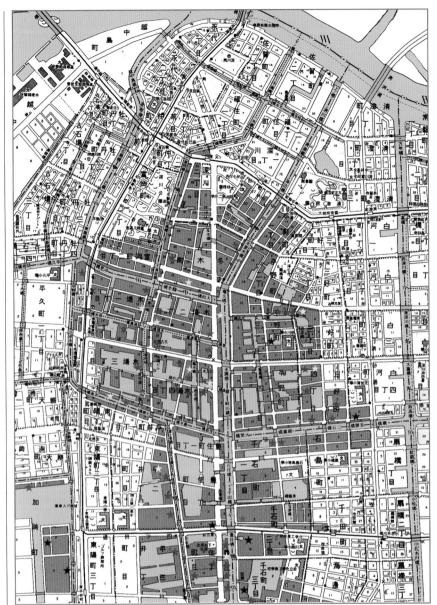

资料 木场的木材流通

旧木场的复原地图

★ 锯材工厂
☆ 加工工厂和卸货场
★ 木材市场

交易木材时，木材的数量和质量对价格产生着较大影响，但质量并不是绝对条件，最终卖方和买方会协商确定价格。

在搬运重型物品的机械尚未出现的时代，具备移动非常重的木材的特殊作业能力的集团在木场处理木材的流通。木场的木材流通的基本形式在东京的旧木场地区已形成。

考虑交通情况及木材业界的近代化，转移至新木场之后，其流通形态得以简便化，功能分散至各地区。木材交易形态的任何变化，都源自旧木场完成体系的形态。

旧木场具有方便木材交易的配置。客户最终使用的锯材品的价格以旧木场时代的锯材成本计算方法为基础，在木材的流通体系中形成，作为全国木材价格的标准。即使在当下，木材的价格依旧使用这种旧木场的方式来确定。

《木材相关的基础知识》是村山忠亲编辑的、于2000年10月发行的木材交易要领。以该书的数据为基础，选择顺应时代的树种进行说明，作成本文。

木材的流通方法

I 圆木（原木）及木枋的使用方法

江户木场从江户城建成开始，便满足着周围建造住宅产生的庞大木材需求，考虑到水运方便而建造于隅田川河口的中州。幕府的御用木材以尾州材、纪州材为主，所以经营这些木材的木材业者最早在木场设置店面。另外，经营最适合制作书院内饰的秋田杉的木材业者开始进出秋田地区。江户幕府将"日本三大美林"——木曾扁柏、秋田杉、青森罗汉柏的树林指定为幕府直辖林，开始管理山林。这就成了国有林，目前由营林署管辖，从国有林产出的木材称为官木。

在木场的萌芽时期，锯材设备简陋。随着锯材设备在各地区普及，木场将高价的珍贵木材制作成锯材。木场也开始处理之前未被利用的阔叶树，用于制作欧式内装物品、欧式家具、学习桌等。

官木通过投标或转让等方法，出售给锯材工厂或胶合板工厂等。如今，木材从采伐至搬运基本由林野厅负责，并以圆木的形式交易。北海道开发时代人们曾经随意挥霍原生林。向森林管理署等申请并得到采伐许可的锯材工厂转让一定地域（林区）的采伐许可，获得转让许可的锯材工厂以外包形式，将采伐至圆木搬运的工作承包给造材师等。造材师利用山体倾斜，借助木马、人力及马的助力等，将圆木搬出至山土场，再利用马橇等将其堆积于工厂土场。冬季没有杂草等障碍物，全土场冻结，所以地面平滑，搬运更容易。

获得原生林的转让许可之后，买主留置细小

或损伤严重的树木，仅选择优质木材进行采伐才能提升利益，所以搬运时留下没有搬运价值的树木。这种方法称为"选伐"。选伐人工种植林时，被采伐的山林和采伐前状态基本相同，所以于1955年开始实行采伐全区域树木的"全伐"方法。全伐方式的采伐和搬运费用高，即使高价售卖圆木或提高锯材品价格也无法获得利益，从国有林中获取原料的锯材业者的经济效益开始急速恶化。

转让的主旨是培育生产者，木材商被排除于此对象之外。当地锯材工厂将采伐的粗大且缺陷少的树木进行加工并以圆木状态销售能够卖得好价钱，所以木材大多以圆木状态销售。

目前阔叶树的锯材用圆木的日本农林标准是在选伐转变为全伐时期制定的。直径24cm以下（8寸以下）的圆木不加工成锯材，作为芯材用原料，所以不在标准内。锯材业者将带有缺陷（无法以圆木状态销售）的圆木加工成锯材。锯材用圆木的标准等级为2等，3等材无法以锯材原料计算。

1等材为销售用圆木的最低限品质，2等材圆木为锯材原料，3等材圆木为锯材加工之后也无法储存的圆木。全伐方式不能获得利益，从事造材的锯材业者已不存在，通过投标买入营林署造材的圆木时需要设定价格，所以制定了相关的农林标准。

民间所有林及国有林以外的木材的交易由以县为单位的森林组织负责，森林组织进行森林管理、采伐及木材销售。这些木材通过投标方法销售。

投标者是具备一定资格的业者，销售业者也可以投标，不仅限于制造业者。

圆木的销售业者通过具备当地转让资格的锯材工厂或森林组织等，集合优良的圆木，在消费地进行集约生产，找寻可为其提升利益的业者，以高价格销售圆木。此圆木如果以锯材品销售则定价过高，不能以锯材品销售是惯例。优质圆木除了锯材加工以外，也有非常好的利用方法。

旧木场收集各地的优良圆木，有一定需求量的圆木批发商在此汇集。经营杉木、松木、日本扁柏等针叶树的高级材的业者和专门经营榉木、水曲柳、象蜡树等杂木（阔叶树）的高级材的业者分开设置店铺。这些圆木业者自己同时设置锯材工厂或者利用外包工厂，根据订单，销售特殊尺寸或优良木纹的木材。这些业者将选定优良圆木、挑选精美木纹和制作高装饰性锯材的技术集于一身。

经过第二次世界大战后的复兴时期，日本迎来经济的稳定期，国民的生活水平大幅提升。与此同时，室内装饰中高级材的需求激增，对比需求量，日本国产优质珍贵木材资源极端减少。通过进口木材补充不足，同时随着刨切单板技术的进步，质感高级的胶合板内装材的生产销售逐渐增多，高级材料的需求也受其影响而激增。东京的木材界转移至新木场之后，根据材种分类的专门业者有所减少，少数木材店甚至出现经营所有材种的倾向。

市场交易时，销售方需要支付一定的交易费，商定日期之后，采取向具有一定交易资格的人竞拍的直接销售方式销售。目前，市场的交易价格形成了基准价格。

以"将逐渐减少的优良材平等分配于能够有

效利用的人们"的理念进行交易的方法，也是没有获取多余利益的方法。

珍贵木材市场的优良圆木（水曲柳）

II 锯材品的流通方法

进入明治时代之后，利用水车提供动力的圆锯锯材机开始出现，山林锯材得以输送至消费地。

明治时代后半期，地方也开始通电，产地的锯材变得丰富。锯材用带锯盘开始在日本国内生产，山林锯材急速增加，木场的木材店焕然一新。专门经营锯材的木材店从产地集合锯材，以独立的品牌确保了一定的商业影响。主要经营针叶树锯材的木材店称为"羽柄店"，专门经营阔叶树木材的木材店称为"杂木店"。尾州桧的专营店、尾鹫材的专营店、远州材的专营店等根据采购地区分类，用途对应店铺的"分类交易场所"的理念存在于木场中。对于自己不擅长经营的木材种类，店铺会给顾客介绍相关专营店或调配相关木材进行销售，这种满足顾客需求的体系在昭和初期已经形成。专营秋田杉的团体建立了"秋田会"组织，努力维持秋田杉的品质。

按照惯例，木场的批发商不零售。木场以外，各地经营的店铺通过合作方式从批发商处采购木材，向零售店或大规模工程公司提供二次批发服务。

木场纵横布置连接隅田川的水路，圆木的流通变得方便，大多数沟渠旁都有锯材工厂。山地锯材的使用量开始增加之后，聚集于水路周围的锯材批发商主要依靠铁路从产地运输木材，所以木场区域没有水路的部分也开始繁盛。东京的木材界转移至新木场、旧木场开始停止其功能的1975年左右，日本国产材占整体消费量的比例为50%以上，以山地锯材为主体的日本木材从山上到河流，再流散至消费地。

III 进口木材的增加

自从东京的木材流通功能转移至新木场后，日本国产材的消费比例降低至40%以下，进口材的利用率开始超过国产材。地方木材需求也开始增加，为了补充本地国产材的不足，进口材从木场至山林，再回到河流。大半进口材由综合商社进口。

之后，出现了专门经营美国材的商社、南洋材商社及唐木商社。不精通产地情况则无法获取优质圆木，所以商社根据产地，在自己擅长的领域经营。进口材开始大量流入旧木场时，日本国内的进口材并不是必需品，木材商不精通销售地区的内部情况，导致销售状况窘迫。精通产地情况的商社考虑到日本国内的销售实情，并不进口木材，而是尽可能优先搬运木材，所以优先考虑产地情况、注重销售的倾向增强，出现了各种用途木材混装在一起被批次进口的情况。

　　进口木材以柳安材为主，它是最适合加工当时需求量开始激增的胶合板的木材。进口商社如果能够进口胶合板用柳安圆木，轻易就能分销出去。但是，根据产地状况，有时必须将各种用途的圆木以混装批次进口。混装批次木材作为胶合板原料销售给生产厂商之后必须获得好评，所以商社将精通木材销售的木材批发商作为经营业者。

　　进口商社和合作的木材批发商可以将进口材出售给国产材的销售方，国产材的产地工厂对锯材用圆木的供应感到紧张，所以出现了将进口材回送至山林的工作，称为"地方回送"。工厂以国产锯材为主要生产对象设置产地的锯材机械，大径进口圆木有时无法直接锯材加工，所以也会出现将圆木分割为两份或四份进行输送的情况。

榎户堀的美国材

版画《榎户堀》

被分割圆木的材积无法按照布雷顿法计算，所以木场再检验之后销售。按照布雷顿法采购木材之后，再由木场重新检验会出现 10% 以上的增量，这种可获得丰富利益的地方回送方式备受关注。目前，进口材不仅在东京等主要港口卸货，还在地方港卸货，通过木场检验进行交易的交易形态消失，在全国范围内基本形成通过布雷顿法检验进行交易的形态。

木场在产生初期的江户时代的形态从版画中可以推测。

圆木非常重，所以消费市场的圆木交易不在陆上，通常是在水面上。利用水存储和搬运木材的方法最为经济，并且还能保证木材的质量。这种水上工作并不是木材业者的职责，筏师接受木材业者的委托，对木材进行专业的分类。

搬运至陆上卸货场所的圆木或被分割的木材，由水上卸货业者堆放至货车上。这种通过水上卸货场堆放木材的工作也存在专门的"势力范围"，并不能随处设置。

圆木交易依据筏师制作的筏明细书进行。圆木按照各筏分类，资料分别填写于一张明细书中。基于这种商业习惯，筏的数量单位使用"张"。通常的圆木交易单位为筏 1 张，但从筏中减去特定的圆木，以 1 根为单位交易的情况由卖方和买方自由协商。圆木交易时最应该注意的事项是圆木明细书通过什么检验方法制作。以下明细书使用了最值得信赖的材积计算法：海关依据布雷顿法制作的明细书（进口材），营林署制作的明细书（国产材）。

依据布雷顿法制作的明细书由海关指定的三家筏商进行垄断检验。

筏师在东京称为"川并"，川并的主要工作是组筏、检验木材及水上运输。海关指定的三家筏商是召集木场内的筏师的公司组织。在旧木场，圆木批发商聘用筏师，负责商品圆木的组筏，筏师在木场内有很多工作。

圆木不以筏为单位，而是切割成 1 根或几份进行出售时，木场内的筏师依据经过木场检验的材积进行交易。圆木数量的掌握，由买卖双方委任的作为第三方的筏师负责，避免注水销售等不正当交易引起的纠纷，顺利完成交易。筏师对木材保持严格的要求，值得信赖。权威的筏师制作的明细书在圆木交易中不可或缺。

版画《绕线检验尺寸》

Ⅳ 川并的工作

东京深川的川并是特殊存在，日本全国范围内也很少见。其他地方并没有遵守古训的川并，但存在普通筏师。

专业负责水上经营木材工作的川并和木场同时产生。如果没能理解川并的职责，同样无法理解木场的体系。

川并的主要工作是检验木材、组筏及回漕。

【川并的词源】

川并也有写作"川波"的。关于木场的记述是这样解释川并的："川并的由来是江户时代在水上捕物时召集的筏师，他们在筏上接受点名以表示衷心。""川并"为"木材排列于河流"的意思。

木材（而不是人）排列于河流表现的是工作的实际状态。根据推测，川并的工作核心是将作为商品的木材装饰漂亮，并呈现于顾客面前，所以按照木材排列于河流的意思，将其称为"川并"。

由于 1641 年的江户大火，江户市中的木材堆放场转移至深川，川并先于木材商转移至深川。

以前，川并和筏师的工作完全不同。筏师是川并的助手。筏师能够完成要求并不精细的组筏工作，之后实现回漕即可。与此对应，川并的工作主要是检验进入木场的木材，要求具备树种区分、木材陈列、筏回漕等与木材相关的工作的能力。有能力的川并甚至具备比木材批发商更多的木材知识。

根据筏的组合方法，木材的价格会出现大幅波动。川并不只确认由筏师回漕的木材并接受管理，还需要满足客户需求重新组筏。

检验也可以称作"尺寸检验"。尺寸检验的工作与金额确定相同，因为是川并出入的"店铺"，必须以严谨态度努力完成。即便是川并自己认为妥善组合的筏，如果木材批发商不合意，也要重新组筏。组筏工作是川并技艺的体现。

组筏完成后无须重新组筏的优秀川并在木场的威望很高。按照木场组织的顺位，雇主、主事人之后便是川并的工头，说明川并的信誉极高。川并的工头可以入伙的店铺仅限几间。独自维持生计的川并可以入伙的店铺是老雇主的店铺。川并入伙的店铺称作"本店"，意思是自己就职的公司。川并的身份是木材批发商的外包业者，其作风在日常礼法中也得以体现。川并的工头去本店时，必须用手拍落膝盖以下的尘土之后才能进店。雇主不说，川并不得随意坐下。这种姿态也能表现出川并对本店尽忠的高尚品格。

即使旧木场转变为新木场，这种川并和木材批发商之间的信赖关系至今也未有丝毫变化。木材批发商或商社在没有保证金且未缔结特殊契约的前提下，寄存价值不菲的大量木材的情况在其他业界并不多见。

Ⅴ 木场的划木

在进行木材处理的川并之间，出现了"划木"和"驱木"的技艺。

木场的"划木"绝技开始于木枋成为进入木场的木材主流的时期。木枋作为千石船，为了从远方的热田或纪州运送木材，除去树皮及根部等不用的部分，尽可能多地承载木材。木材品质检查时需要旋转所有面进行确认，在水面转动偏心的木枋。之后，区分等级并组筏。趣味演绎这些作业过程的便是划木。划木的基本表演是自由操纵木枋的足技"地乘"。

划木所使用的木枋最好是美国扁柏、日本铁杉。近年来，美国扁柏、日本铁杉变得难以获取，划木大多使用花旗松、西部铁杉。使用的方材长5m、宽30cm。划木时如果是盐水，划水方式有所不同。

东京富冈八幡宫的"木场划木之碑"中关于划木的详细记录如下：

"木场划木起源于三百多年之前，是由处理业者（德川幕府已颁发木场入市许可）木材的川并祖先们发展形成的技巧，以磨炼年轻人技艺为目的，流传至今。明治初年三岛警视总监时代，海防仪式中划木首次在浜町河岸亮相。之后，在格兰特将军来访之际，由上野不忍池接待，在横须贺举行军舰进水仪式时进行了划木表演，明治天皇亲临观摩。在浜离宫及两国桥建成等活动中也有划木表演。第二次世界大战开始后，划木等活动中断。战后设立了东京木材划木保存会，1952年在东京营林署储木场对外公布；同年11月3日，基于东京都文化保存条令，都技艺木场的划木被确定为非物质文化遗产。"

【划木的状况】

划木的表演大致分为12种。基本型的"地乘"表演是利用称作"溜竿"的竹竿，光脚立于木枋上，用竹竿掌握平衡，同时旋转木枋的技艺。

熟练转动木枋之后，在木枋的3/7位置以倒立方式行礼。

长时间有节奏地在一定场所旋转木枋需要训练。

地乘之后进行的是"相乘"，两人为一组在一根木枋上进行地乘。左右两组进行，熟练的人为领头，但两人必须心意合一，否则木枋无法转动。转动技巧表演结束后，两组四人一起倒立。开始至结束，表演者必须始终保持心意合一。

"低齿木屐乘"正如字面意思，即穿着木屐按照与地乘相同的要求转动木枋。木屐的齿如果没有抓紧木枋的边角则无法转动木枋，这是非常难的技艺。熟练掌握"低齿木屐乘"，之后便是"高

划木

演者能够保持微妙的平衡。梯子表演包括"爪八艘""远""八艘""背龟""腹龟""腕试""吹流""一文字""膝定""蜘蛛结网"。

用一根圆木代替梯子在木枋上立起，圆木上方装上毛巾结，利用这些道具进行的划木表演称

低齿木屐乘

齿木屐乘"。虽然只是木屐齿高度的差异，难度却是天壤之别。

"纸伞乘"是指用纸伞代替竹竿以转动木枋的技艺，划出至沟渠中间时撑开伞。有竹竿则容易掌握平衡，而边撑伞边转动木枋时，稍有风就会受到影响，保持平衡相当困难。

"梯子乘"也是划木的技巧之一，以在立起的消防梯上表演上梯动作的技艺为原型。梯子乘表演必须使用凸字形的基台，在木枋和梯子上表演。仅通过伸出的竹竿控制左右摇摆，要求表

为"一本乘"。毛巾结称为龙头，圆木为桧木。三人交替使用龙头，进行类似梯子乘的表演。表演包括只有龙头（而不是梯子）支撑表演者的危险动作。此外，还有"猴子吃桃""一本背龟""一本腹龟""达摩调头""象鼻""梦之手枕"及"黄莺探谷"等观众喜爱的绝技。

倒立行礼

纸伞乘

梯子乘

"花驾笼乘"是指幼童坐进用花装饰的驾笼，由两位川并抬驾笼并转动木枋的表演。仅通过驾笼的梶棒连接的两人需要不同于"相乘"的默契。表演达到高潮时，驾笼里的幼童突然落入水中，幼童在水中戴上怪物面具后精彩亮相。之后，抬驾的两人前后交换位置，朝着相反方向亮相，这就是"回驾笼"的滑稽表演。近年来，已经没有能够进行这种表演的幼童了。

"三宝乘"是指在加了几层结实的三宝（一种器物）的木枋上面进行的表演。三宝非正规形状重合，穿着木屐站立的技艺近似曲艺表演。三宝乘中，还包括"义经八艘跳""鹤拾饵""狮子产子"等表演。

"翠鸟"是将幼童架在肩上进行地乘的表演。幼童架在肩上的动作近似翠鸟，由此得名。

祭祀活动中的划木还有很多种类，深川最古老运河中的划木表演会于1980年停止举办。目前，在木场公园内的特设场所，每年举办一次江东区民间祭祀活动。

类似木场划木的表演还有名古屋的"筏一本乘"，它被确定为名古屋市的非物质文化遗产。木场划木使用木枋，名古屋筏一本乘使用圆木。此外，木场的划木表演除了表现技巧，还追求艺术效果；名古屋的筏一本乘则注重竞技。在选定书院的内装木材时，融入对来客的敬意，这种利用木材的精神在划木中也能发现。

上：花驾笼乘
下：翠鸟

附录

《濒危野生动植物种国际贸易公约》

（《华盛顿公约》，英文缩写 CITES ）

■《华盛顿公约》

为了保护人类非法交易导致濒危的野生动植物，世界范围内 173 个国家（2008 年 6 月）加盟《华盛顿公约》。取其英文名称的首字母，也可称之为 CITES。其为禁止或限制特定野生动植物的国际贸易的公约，在缔约国进行相关国际贸易时必须遵守此公约。

■依据公约管理野生动植物的国际贸易

公约中的限制对象是生存受到威胁、人类贸易是其陷入危机的重大原因的物种。这些物种录入附录清单中，目前已录入了 3 万种以上的动植物。其按照"种（属）"进行管理，附录中填写"学名"，而不是一般名称、俗称等。

《华盛顿公约》的对象动植物中，象和虎广为人知。同样，植物种类也录入附录中，作为木材被利用的树木种也不例外。为了保护在原产地被采伐用于出口、野生生存状况恶化的物种，将其录入《华盛顿公约》，限制进出口。

■3 个附录

《华盛顿公约》的附录根据物种的稀有性及贸易的影响程度，分为 3 个等级（附录Ⅰ、附录Ⅱ、附录Ⅲ），录入基准及限制内容见表 1。

■木材的进口

从海外进口木材或其他植物制品时，需要确认计划进口的植物种类（学名）是否是《华盛顿

表 1 《华盛顿公约》的录入基准及限制内容

	录入基准	限制内容（同个体的生死或整体、部分、衍生物等分类无关，所有贸易均为对象）
附录Ⅰ	目前濒临灭绝，受到贸易影响的物种	禁止商业贸易 学术研究目的等允许进口或出口极少部分外，原则上禁止贸易
附录Ⅱ	（a）目前未必濒临灭绝，但如果不严格限制，将来会濒临灭绝的物种 （b）为了有效约束（a）的贸易，必须限制的物种（难以识别的类似物种等）	需要出示出口国政府颁布的许可证
附录Ⅲ	原产国为了保护本国的生物，寻求国际协助进行保护的物种（仅限该国为对象）	需要出示出口国政府颁布的许可证

公约》的对象种类。表2是《华盛顿公约》中录入（2008年6月）的主要树种清单。贸易种类出现在清单上时，禁止贸易或提供所需的手续进出口。不依据该公约进行贸易是违法的，需要坚决制止和举报。

如果附录中录入了动植物种，基本同个体的生死、整体或部分等分类无关，该物种就成为《华盛顿公约》的限制对象。但是，如果是植物，根据物种及用途等，限制对象的部位等可能出现变化。

植物制品的贸易遵守世界各国协调运行的

《华盛顿公约》，这不仅是遵守法律的做法，也关系到世界稀有树木种的保护。规范涉及树木的国际贸易，正确理解《华盛顿公约》是关键。

寄稿：TRAFFIC

TRAFFIC（国际野生物贸易研究组织）是监督野生动植物贸易的世界最大的NGO。
《华盛顿公约》生效之后，TRAFFIC于1976年成立。之后，作为IUCN（世界自然保护联盟）和WWF（世界自然基金会）的协同组织会，TRAFFIC在世界范围内铺开网络，目前已成为在22个国家建立办事处的国际组织。TRAFFIC与《华盛顿公约》事务局、IUCN、WWF及其他许多团体协作，为实现贸易不会导致野生动植物生存状况恶化的愿望而持续活动。

表2 《华盛顿公约》附录中录入的树木种（2008年6月）

拉丁学名	中文名	英文名	附录
Abies guatemalensis	危地马拉冷杉	Guatemalan fir	I
Araucaria araucana	猴爪杉	monkey puzzle tree	I
Dalbergia nigra	巴西黑黄檀	Brazilian rosewood	I
Fitzroya cupressoides	智利柏	alerce	I
Pilgerodendron uviferum	皮尔格柏	pilgerodendron	I
Podocarpus parlatorei	阿根廷罗汉松	Parlatore's podocarp	I
Aquilaria malaccensis *Aquilaria* spp. *Gyrinops* spp.	沉香	agarwood	II
Caesalpinia echinata	巴西红木	Brazil wood	II
Caryocar costaricense	多柱树	aji	II
Gonystylus spp.	棱柱木	ramin	II
Guaiacum officinale	愈疮木	lignum vitae	II
Oreomunnea pterocarpa	枫桃	gavilan（walnut）	II
Pericopsis elata	凸茎豆	afrormosia	II
Platymiscium pleiostachyum	扁枝豆	quira macawood	II
Prunus africana	非洲李	African cherry	II
Pterocarpus santalinus	檀香紫檀、小叶紫檀	red sandalwood	II
Swietenia humilis	墨西哥桃花心木	Mexican mahogany	II
Swietenia macrophylla King	大叶桃花心木	Honduras mahogany	II
Swietenia mahagoni	西印度群岛桃花心木	American mahogany	II
Taxus wallichiana	红豆杉	Himalayan yew	II
Cedrela odorata	西班牙柏木	Spanish cedar	III
Magnolia liliifera var. *obovata*	盖裂木	magnolia	III
Podocarpus neriifolius	百日青	black pine	III

结尾语

2006 年，兄长村山忠亲离世。诚文堂新光社于 2008 年将他自费出版的遗作《木材相关的基础知识》重新编辑，《木材大全 170 种》由此面世。

之后该书受到读者广泛喜爱，多次重版。本次修订增加了 15 种木材，并对几处错误进行了改正。

地球上纬度相同的地区分布着许多相同树木，如亚寒带地区的针叶林、温带至亚热带的阔叶树和针叶树的混合林、热带的原始森林等。即便是同纬度的同种树木，性质也会因产地环境而异，且名称也会因原产地而异。

相同名称的树木或同一种树木，木材的色调及木纹不可能完全一样。我们眼里的美丽木纹及色调，可谓长时间及严苛气候环境所塑造出的艺术品。

树木生长需要很长时间。我们所使用的木材则需要数十年甚至数百年的岁月才能长成。我们常说"树木抚慰心灵""树木柔和、温馨"，这是树木在大自然中历经岁月磨砺所形成的本质。

我们应该妥善使用木材，不能简单粗暴地一次性利用，尽可能采用能够长久使用的技巧，牢记天然素材"树木"给我们的恩惠，思考同树木完美融合、共存的方法。

目前，食品需要明确标注原产地及生产地，遵守这项要求可确保食品的安全性。在木材贸易中，明确生产地也是明确了木材的品质，对禁止滥伐或盗伐等保护森林的活动极为重要。

与木材行业相关的读者、对木材感兴趣的读者和想要了解木材基础知识的读者，本书对你们多少有些帮助。树种名优先使用流通商品名，俗称等在正文中有补充说明。内容各方面存在依据经验说明的情况，尚有不足之处，敬请谅解。

最后，衷心感谢对本书发行做出贡献的相关人员。正是因为大家的帮助，以我们兄弟二人 50 年的木材、加工、销售的知识为基础的本书才能得以发行，我们深感荣幸。

村山元春

Gensyoku Mokuzai Daiziten Hyakuhachijuugo Syu

©Tadachika Murayama, Motoharu Murayama 2013

Originally published in Japan in 2013 by SEIBUNDO SHINKOSHA PUBLISHING CO., LTD., TOKYO,

Chinese (Simplified Character Only) translation rights arranged with SEIBUNDO SHINKOSHA PUBLISHING CO., LTD., TOKYO,

through TOHAN CORPORATION, TOKYO, and ShinWon Agency Co, Beijing Representative Office, Beijing

备案号：豫著许可备字-2015-A-00000012

图书在版编目（CIP）数据

木材大事典185 /（日）村山忠亲，（日）村山元春著；史海媛等译. —郑州：河南科学技术出版社，2019.1

ISBN 978-7-5349-8947-6

Ⅰ.①木… Ⅱ.①村… ②村… ③史… Ⅲ.①木材—介绍 Ⅳ.①S781

中国版本图书馆 CIP 数据核字（2018）第154203 号

出版发行：河南科学技术出版社

地址：郑州市经五路66号　　邮编：450002

电话：（0371）65737028　65788613

网址：www.hnstp.cn

策划编辑：刘　欣

责任编辑：葛鹏程

责任校对：马晓灿

封面设计：张　伟

责任印制：张艳芳

印　　刷：北京盛通印刷股份有限公司

经　　销：全国新华书店

开　　本：787 mm × 1092 mm　1/16　　印张：15.5　　字数：650千字

版　　次：2019年1月第1版　2019年1月第1次印刷

定　　价：128.00 元

如发现印、装质量问题，影响阅读，请与出版社联系并调换。